博碩文化

U0086755

博碩文化

Gavin Hackeling　著

張浩然　譯・博碩文化　審校

博碩文化

scikit-learn
新手的晉級
實作各種機器學習解決方案

Mastering Machine Learning
with scikit-learn - Second Edition

使用scikit-learn探索各式機器學習模型，
實作多種機器學習演算法

Packt>

作　　　者：Gavin Hackeling
譯　　　者：張浩然
審　　　校：博碩文化
責任編輯：盧國鳳

董事　長：陳來勝
總編　輯：陳錦輝

出　　　版：博碩文化股份有限公司
地　　　址：221 新北市汐止區新台五路一段112號10樓A棟
　　　　　　電話(02) 2696-2869　傳真(02) 2696-2867

郵撥帳號：17484299　戶名：博碩文化股份有限公司
博碩網站：http://www.drmaster.com.tw
讀者服務信箱：dr26962869@gmail.com
訂購服務專線：(02) 2696-2869 分機 238、519
（週一至週五 09:30 ～ 12:00；13:30 ～ 17:00）

版　　　次：2020 年 4 月初版一刷

建議零售價：新台幣 500 元
Ｉ Ｓ Ｂ Ｎ：978-986-434-484-0
律師顧問：鳴權法律事務所 陳曉鳴律師

本書如有破損或裝訂錯誤，請寄回本公司更換

國家圖書館出版品預行編目資料

scikit-learn新手的晉級：實作各種機器學習解決方案 / Gavin
Hackeling著；張浩然譯. -- 新北市：博碩文化, 2020.04
　　面；　公分
譯自：Mastering machine learning with scikit-learn, 2nd ed.

ISBN 978-986-434-484-0(平裝)

1.人工智慧

312.831　　　　　　　　　　　　　　　　　109004375

Printed in Taiwan

博 碩 粉 絲 團

歡迎團體訂購，另有優惠，請洽服務專線
(02) 2696-2869 分機 238、519

作者簡介

Gavin Hackeling 是一名資料科學家和作家。他研究過各式各樣的機器學習問題，包括自動語音辨識（automatic speech recognition）、文件分類（document classification）、物件辨識（object recognition）以及語義分割（semantic segmentation）。他畢業於北卡羅來納大學和紐約大學。目前他和妻子與愛貓一起生活在布魯克林。

感謝我的妻子 Hallie，以及 scikit-learn 社群。

檢閱者簡介

Oleg Okun 是一位機器學習專家，他也是 4 本書、許多期刊文章以及會議論文的作者／編輯。他的職業生涯已經超過四分之一個世紀。他受僱於祖國（白俄羅斯）和海外（芬蘭、瑞典和德國）的學術機構和企業。他的工作經驗涉及文本影像分析、指紋生物辨識、生物資訊學（Bioinformatics）、線上／線下市場分析、信用評分以及文本分析領域。

他對分散式機器學習和物聯網感興趣，目前居住在德國漢堡市。

我想對父母為我做的一切表示最深切的感激。

目錄

前言

近年來，機器學習已經成為時下最流行的話題。在機器學習領域中，各式各樣的應用程式層出不窮。其中的一些應用程式（如「垃圾郵件過濾程式」）已被廣泛使用，卻反而因為太成功而變得平淡無奇。很多其他的應用程式是直到近幾年才紛紛出現，它們無一不在暗示著「機器學習」帶來的無限可能。

在本書中，我們將分析一些機器學習模型和學習演算法，討論一些常用的機器學習任務，同時也會學習如何衡量機器學習系統的效能。我們將使用 scikit-learn，這是一個使用 Python 程式設計語言編寫的函式庫，它包含了最新的機器學習演算法實作，其 API 既符合直覺，也很通用。

本書涵蓋

「**第 1 章，機器學習基礎**」，本章將機器學習定義為對程式的學習和設計，這些程式透過從經驗中學習，來改善其工作效能。該定義也引導著其他的章節：在後續的每一章中，我們將分析一種機器學習模型，將其應用於現實任務之中，並衡量其效能。

「**第 2 章，簡單線性迴歸**」，本章討論了將單一特徵（feature）與連續反應變數聯繫起來的模型。我們將學習成本函數以及使用 Normal Equation（正規方程式）最佳化模型。

「**第 3 章，使用 KNN 演算法分類和迴歸**」，本章介紹了一個用於分類和迴歸任務的簡單非線性模型。

「**第 4 章，特徵提取**」，本章介紹了將文本、影像以及分類變數表示為機器學習模型可用特徵的技術。

「**第 5 章，從簡單線性迴歸到多元線性迴歸**」，本章討論了簡單線性迴歸模型的一般化，也就是多元線性迴歸模型，它能在多個特徵上對連續反應變數進行迴歸。

「**第 6 章**，從線性迴歸到邏輯斯迴歸」，本章將多元線性迴歸模型做了進一步的一般化，並介紹一個用於二元分類任務的模型。

「**第 7 章**，單純貝氏」，本章討論了貝氏定理和單純貝氏分類器，同時對生成模型和判別模型進行比較。

「**第 8 章**，非線性分類和決策樹迴歸」，本章介紹了決策樹這種用於分類和迴歸任務的簡單模型。

「**第 9 章**，整體方法：從決策樹到隨機森林」，本章討論了 3 種用於合併模型的方法，它們分別是裝袋法、提升法和堆疊法。

「**第 10 章**，感知器」，本章介紹了一種用於二元分類的簡單線上模型。

「**第 11 章**，從感知器到支援向量機」，本章討論了一種可用於分類和迴歸的強大判別模型，即支援向量機，同時還介紹了一種能有效將特徵投影到高維度空間的技巧。

「**第 12 章**，從感知器到類神經網路」，本章介紹了一種建立在人工神經元圖結構基礎上，用於分類和迴歸任務的強大非線性模型。

「**第 13 章**，K-MEANS 演算法」，本章討論了一種在無標記資料中發現結構的演算法。

「**第 14 章**，使用主成分分析降維」，本章討論了一種用於降低資料維度以緩和維數災難／維度詛咒的方法。

你需要為本書安裝那些軟體

執行本書中的例子需要 Python 版本 2.7 或者 3.3，以及 pip，即 PyPA 工作小組推薦使用的 Python 套件安裝工具。書中的例子將在 Jupyter notebook 環境中或 IPython 直譯器環境中執行。「第 1 章」詳細說明了如何在 Ubuntu、MacOS 和 Windows 環境下安裝 scikit-learn 0.18.1 版本及其依賴關係與其他函式庫。

目標讀者

本書的目標讀者是希望理解機器學習演算法的「工作原理」以及想要培養機器學習「使用直覺」的軟體工程師。本書的目標讀者也包含希望理解 scikit-learn 函式庫 API 的資料科學家。讀者不需要熟悉機器學習基礎和 Python 程式設計語言，但具備相關基礎對閱讀本書很有幫助。

本書排版格式

在這本書中，你會發現許多不同種類的排版格式，以不同的格式區分不同意義的資訊。

在文本中的程式碼、資料庫表格名稱、資料夾名稱、檔案名稱、副檔名、路徑名稱、網址、使用者的輸入和 Twitter 帳號名稱，會以如下方式呈現：『由於 scikit-learn 不是一個有效的 Python 套件名稱，該函式庫被命名為 sklearn。』

```
# In[1]:
import sklearn
sklearn.__version__

# Out[1]:
'0.18.1'
```

專有名詞和**重要字眼**會以粗黑體字顯示。

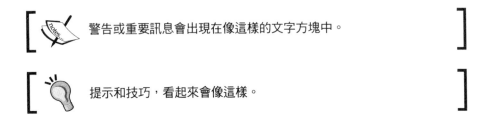

警告或重要訊息會出現在像這樣的文字方塊中。

提示和技巧，看起來會像這樣。

讀者回饋

我們始終歡迎讀者的回饋。讓我們知道你如何看待本書，你喜歡哪些部分或不喜歡哪些部分。讀者回饋對我們很重要，因為它可以幫助我們開發對你來說真正有用的書籍。如有任何回饋，請寄送電子郵件到：feedback@packtpub.com，並請在郵件的主題中註明書籍名稱。如果你具有專業知識，並對寫作和貢獻知識有濃厚興趣，請參考我們的作者指南：www.packtpub.com/authors。

顧客服務

既然你是 Packt 書籍的擁有者，我們可以在許多方面協助你從購買的書籍中獲得最大的收益。

下載範例程式檔案

你可以由你的帳戶下載本書的範例程式碼，網址：http://www.packtpub.com。如果你是在其他地方購買此書，則可以訪問網址：http://www.packtpub.com/support，經過註冊之後，我們會將相關文件直接 email 給你。你可以用以下步驟下載程式碼：

1. 在 http://www.packtpub.com 登錄或註冊。
2. 點選 **SUPPORT** 選項。
3. 點擊 **Code Downloads & Errata**。
4. 在 **Search**（搜索框）中輸入書名。
5. 選擇你要下載程式碼檔案的書籍。
6. 從下拉式選單中選擇你是從哪裡購買本書的。
7. 點擊 **Code Download**（程式碼下載）。

下載文件之後，請確認你是使用以下最新版本的解壓縮工具來解壓縮檔案：

• Windows 上使用 WinRAR 或 7-Zip
• Mac 上使用 Zipeg、iZip 或 UnRarX
• Linux 上使用 7-Zip 或 PeaZip

本書的程式碼是由 GitHub 託管，可以在如下網址找到：**https://github.com/ PacktPublishing/Mastering-Machine-Learning-with-scikit-learn-Second- Edition**。在 https://github.com/PacktPublishing/，我們還提供了豐富的其他書籍的程式碼和影片。讀者可以去查看一下！

勘誤表

雖然我們已經盡全力確保內容的正確準確性，錯誤還是可能會發生。如果你在我們所出版的任何一本書中發現錯誤（可能是文本或是程式碼錯誤），希望你能向我們回報，我們會非常感謝你。這樣一來，你也可以讓其他讀者免受挫折，並幫助我們在後續的版本中，修改錯誤。如果你發現任何錯誤，請從下面的網址回報：http://www. packtpub.com/submit-errata。請選擇你的書籍，點擊 **Errata Submission Form**，並輸入你的勘誤細節。一旦你的勘誤被證實，你的提交將會被接受，勘誤將被上傳到我們的網站或加入到目前的勘誤表中。要查看以前提交的勘誤表，可以造訪：https:// www.packtpub.com/books/content/support，並在搜索框中輸入書籍的名稱。所需資訊將會出現在 **Errata** 下面。

盜版行為

對網際網路上「有版權保護的素材」非法盜版，是所有媒體要持續面對的問題。在 Packt，我們非常重視保護我們的版權許可。如果你在網際網路上以任何形式發現任何非法複製的本公司產品，請立即向我們提供網址或網站名稱，以便我們尋求補救措施。請透過 copyright@packtpub.com 與我們聯繫，並請附上包含盜版產品的可疑連結。感謝你協助我們保護作者的權益，以及我們為你帶來有價值產品的能力。

問題

如果你對本書有任何方面的問題，請與我們聯繫：questions@packtpub.com，我們將竭盡所能地解決這些問題。

1

機器學習基礎

在本章中，我們將回顧機器學習中的基礎概念，比較監督式學習和非監督式學習，討論訓練資料、測試資料和驗證資料的用法，並瞭解機器學習的應用。最後，我們將介紹 scikit-learn 函式庫，並安裝後續章節中需要的工具。

定義機器學習

長久以來，我們的想像力一直被那些能夠學習和模仿人類智慧的機器所吸引。儘管具有一般人工智慧的機器（如 Arthur C. Clarke 筆下的 HAL 以及 Isaac Asimov 筆下的 Sonny）仍然沒有實現，但是能夠從經驗中獲取新知識和新技能的「軟體」正變得越來越普遍。我們使用這些機器學習程式去尋找自己可能喜歡的新音樂，找到自己真正想在網路上購買的鞋子。機器學習程式允許我們對智慧手機下達命令，並允許用恆溫器（thermostat）自動設置溫度。機器學習程式在辨認／解密（decipher）書寫凌亂的郵寄地址這方面，做得比人類更好，亦能更警覺地防止信用卡詐騙。從研發新藥到估算一個頭條新聞的頁面瀏覽量，機器學習軟體正成為許多行業的核心部分。機器學習甚至已經侵略了許多長久以來一直被認為只有人類能涉及的領域，例如：撰寫一篇關於杜克大學籃球隊輸給了北卡羅來納大學籃球隊的體育專欄報導。

機器學習是對軟體工件的「設計」和「學習」，它使用過去的經驗，來指導未來的決策。機器學習是一種從資料中「學習」的軟體研究。機器學習的基礎目標是一般化（generalize），或者從一種「未知規則的應用例子」當中歸納出（induce）未知規則。機器學習的典型例子是「垃圾郵件過濾」（spam filtering）。透過觀察已經被「標記」為垃圾郵件或非垃圾郵件的電子郵件，垃圾郵件過濾程式可以分類新訊息。研究人工智慧的先驅科學家 Arthur Samuel 曾經說過，機器學習是『一種研究，其給予電腦學習的能力，而無須明確地編寫程式（explicitly programmed）』。在 1950 年代到 1960 年代之間，Samuel 開發了許多個下棋程式。雖然下棋的規則很簡單，但要戰勝技藝高超的對手則需要複雜的策略。Samuel 從來沒有明確地編寫這些「策略」，而是透過幾千次比賽的經驗，「程式」學習了「複雜的行為」，並以此打敗了許多人類對手。

電腦科學家 Tom Mitchell 給了「機器學習」一個更正式的定義：『如果一個程式的「效能」在 T 之中具體展現，其透過 P 來評估，並透過「經驗 E（experience）」來提升，那麼我們可以說，該程式是從「經驗 E」之中學習「某些任務類型 T（task）」和「效能評估 P（performance）」。』比如說，假設你有一個影像集，每一張影像描繪了一隻狗或一隻貓。任務是將影像分為「狗影像類別」和「貓影像類別」，而程式可以透過觀察「已經被分類好的影像」來學習執行這個任務，同時它可以透過計算「分類影像的正確比例」來提升效能。

我們將使用 Mitchell 對機器學習的定義來整理本章的內容。首先，我們將討論「經驗」的類型，包括監督式學習和非監督式學習。接著，我們將討論可以用機器學習系統解決的常見任務。最後，我們將討論能夠用於評估機器學習系統效能的標準。

從經驗之中學習

機器學習系統經常被描述為在人類「監督」或「沒有監督」的情況下，從「經驗」中「學習」。在**監督式學習**（supervised learning）的問題中，一個程式會透過標記的「輸入」和「輸出」進行學習，並從一個「輸入」預測一個「輸出」。也就是說，程式從「正確答案」（right answers）的例子中學習。在**非監督式學習**（unsupervised learning）中，一個程式不會從「標記的資料」中「學習」。反之，它嘗試在資料中發現「模式」。例如：假設你已經收集了描述人身高體重的資料。在一個非監督式學

習的例子中，是將「資料」劃分到不同的組別之中。一個程式可能會產生對應至「男性」和「女性」，或「兒童」和「成人」的組別。現在假設資料也標記了性別。一個監督式學習的例子是歸納出一個「規則」，基於一個人的身高和體重來「預測」一個人是男性還是女性。我們將在後面的章節中討論「監督式學習」和「非監督式學習」的演算法和例子。

「監督式學習」和「非監督式學習」可以被認為是一個範圍的兩端。一些類型的問題，被稱為 **半監督式學習**（semi-supervised learning）問題，這些問題同時使用「監督式學習的資料」和「非監督式學習的資料」，位於監督式學習和非監督式學習之間。**強化學習**（reinforcement learning）靠近監督式學習的一端。和非監督式學習不同，強化學習程式不會從「標記的輸入輸出對」（labeled pairs of inputs and outputs）之中進行學習。反之，它從「決策」中接收回饋，但是錯誤並不會明確地被更正。例如：當一個「強化學習程式」學習去玩像是「超級瑪利歐兄弟」（Super Mario Bros）這樣的橫向卷軸（side-scrolling）遊戲時，每當完成一個關卡或者達到一個特定分數，可能會接收到一個獎勵，而當失去一次生命時，則會受到懲罰。然而，這樣的「監督式回饋」與跑跳奔馳、躲開蘑菇怪（Goomba）或撿起一朵火焰花等「特定決策」無關。我們將主要關注「監督式學習」和「非監督式學習」，因為這兩個類別包含了最常見的機器學習問題。在下一節中，我們將更詳細地討論「監督式學習」和「非監督式學習」。

一個「監督式學習程式」從標記輸出的例子中進行學習，這些輸出例子應該由對應的輸入產生。一個機器學習程式的「輸出」有很多名字，在機器學習中彙集了一些學科（discipline），許多學科都會使用自己的術語。在本書中，我們將把「輸出」稱為 **反應變數（response variable）**。反應變數的其他名字包括相依變數（dependent variable）、迴歸值（regressand）、標準變數（criterion variable）、測量變數（measured variable）、應答變數（responding variable）、被解釋變數（explained variable）、結果變數（outcome variable）、實驗變數（experimental variable）、標籤（label）和輸出變數（output variable）。同樣地，「輸入變數」也有很多名字。在本書中，我們將「輸入變數」稱為特徵（feature），它們代表的現象稱為 **解釋變數（explanatory variable）**。解釋變數的其他名字包括預測變數／預測因子（predictor）、迴歸變數／迴歸因子（regressor）、控制變數（controlled variable）和暴露變數（exposure variable）。反應變數和解釋變數可以是實數值或離散值。

一個由「監督式學習經驗」所組成的實例集合，稱之為**訓練集**（training set）。一個用於評估程式效能的實例集合，則稱之為**測試集**（test set）。我們可以將「反應變數」視為「解釋變數所提出的問題」的答案；「監督式學習問題」則會從一個針對「不同問題」回答的「集合」之中進行學習。也就是說，監督式學習程式會被提供**正確的答案**（correct answer），而它需要學習，才能正確地回答「從未見過的類似問題」。

機器學習任務

兩種最常見的監督式機器學習任務是**分類**（classification）和**迴歸**（regression）。在「分類任務」中，程式必須學習從一個或多個特徵之中，預測一個或多個反應變數的離散值。也就是說，程式必須為「新觀察值」預測最有可能的分類、類別或標籤。分類的應用程式包括預測股票的價格會上漲或下跌，或者決定一篇新聞文章屬於政治或休閒娛樂主題。在「迴歸問題」中，程式必須從一個或多個特徵，預測一個或多個「連續反應變數值」。迴歸問題的例子包括預測一個新產品的銷售收入，或者基於一個職位的描述預測其薪水。和分類問題一樣，迴歸問題也需要監督式學習。

一個常見的非監督式學習任務，是在資料集內發現相互關聯的「觀察值」群體，稱之為**集群**（cluster）。該項任務被稱為**分群**（clustering）或**集群分析**（cluster analysis），其會基於一些「相似性」衡量標準，把「觀察值」放入（和其他群體相比之下）更加類似的群體之中。「分群」經常被用來探索一個資料集。例如：針對一個電影評論集合，「分群演算法」可找出「正面評價」和「負向評價」。系統不會將「集群」標記為正面（**positive**）或者負面（**negative**）。由於缺乏監督，系統只能透過一些衡量標準，來判斷「集群」的「觀察值」之間是否相似。「分群」的一個常見應用是在市場中為一個「產品」發現客戶群體。透過瞭解「特定客戶群體」的共同屬性，銷售人員可以決定應該注重銷售活動的哪個方面。「分群」也應用於網路廣播服務之中。對於一個歌曲集合，分群演算法可以根據「歌曲的特徵」將歌曲劃分為不同的分組。透過使用不同的「相似性」衡量標準，同樣的分群演算法可以依據歌曲的音調，或者依據歌曲中包含的樂器，來為歌曲劃分不同的群組。

降維（dimensionality reduction）是另一種常見的使用「非監督式學習」完成的任務。一些問題可能包含數千或者上百萬個「特徵」，這會導致計算能力的極大消耗。另外，如果一些特徵涉及「雜訊」或者和「潛在的關係」無關，程式的一般化能力將會減弱。「降維」這個過程，能夠發現對「反應變數的變化」影響最大的「特徵」。「降維」還可以用於資料視覺化。透過房屋面積預測房屋價格，像這樣的迴歸問題，其視覺化很簡單：房屋的面積可以作為圖的 x 軸，價格可以作為 y 軸。當替「房屋價格的迴歸問題」新增「第二個特徵」之後，視覺化依然很簡單，房屋的浴室數量可以作為 z 軸。然而，對一個包含上千個特徵的問題，視覺化是幾乎不可能完成的。

訓練資料、測試資料和驗證資料

如前述，一個「訓練集」是一個「觀察值集合」（a collection of observations）。這些觀察值組成了「演算法」用於學習的「經驗」。在監督式學習的問題當中，每一個觀察值包含一個「觀察反應變數」和一個或多個「觀察解釋變數特徵」。「測試集」是一個類似的「觀察值集合」。「測試集」被用於評估模型的效能，使用了一些效能指標（performance metric）。不把「訓練集」中的觀察值包含在「測試集」之中，這是非常重要的。如果「測試集」中包含了來自「訓練集」中的例子，我們很難評估演算法是真的從「訓練集」中學到了一般化的能力，或者只是簡單地記住了訓練例子。一個能夠很好地一般化（generalize）的程式，可以有效地執行一個包含「新資料」的任務。相反地，一個透過學習「過於複雜的模型」來記住訓練資料的程式，雖可以準確地預測「訓練集」中的反應變數，但卻無法預測「新例子」中的反應變數值。對「訓練集」產生記憶，稱之為**過度擬合（overfitting）**。一個對「觀察值」產生記憶的程式是無法順利完成任務的，因為它可能會記住與「訓練資料」中恰巧一致的關係和結構。平衡「一般化能力」和「記憶能力」，對很多機器學習演算法來說，是一個常見的問題。在後面的章節中，我們將討論**正規化（regularization）**，它可以應用於很多模型，來減少「過度擬合」。

除了訓練資料和測試資料，我們經常需要第三個觀察值集合，稱為**驗證集**（validation set）或者**保留集**（hold-out set）。「驗證集」常用來微調被稱作「超參數」的變數，超參數用於控制「演算法」如何從訓練資料中學習。在現實世界中，程式依然會在

「測試集」上評估,以提供對其效能的估計。由於程式已經被微調過了,可以用某種方式從訓練資料中學習,來提高在「驗證資料」上的得分,因此「驗證集」不應該被用來估計現實世界的效能。在現實世界中,程式並不具備在「驗證資料」上的優勢。

通常一個監督式觀察值集合會被劃分為「訓練集」(training set)、「驗證集」(validation set)和「測試集」(test set)。對於劃分的每個部分的數量並沒有特定要求,且根據可用資料的數量,劃分的比例也將會有所不同。一般來說,「訓練集」占 50% 到 75%,「測試集」占 10% 到 25%,剩下的則是「驗證集」。

某些「訓練集」可能只包含幾百個觀察值,其他的則可能包含了數百萬個。廉價的儲存裝置、日漸提高的網路連接性,以及越來越普及的配備感測器的智慧手機,造就了現代的大型資料帝國,或者說包含數以百萬甚至數以十億計的實例訓練集。雖然本書不會處理需要在幾十台甚至數百台電腦上平行行處理的資料集,但隨著「訓練資料數量」的增加,許多機器學習算法的「預測能力」也會跟著提升。然而,機器學習演算法亦同時遵守著格言:『*Garbage In, Garbage Out*(垃圾進,垃圾出)』。假如一個學生透過閱讀一本「錯誤百出、令人困惑的磚頭式教科書」來準備考試,他的考試成績並不會比閱讀「篇幅短、但內容品質較高的教材」的學生來得好。同樣地,在現實世界中,一個演算法如果在一個「包含雜訊、不相關或錯誤標籤的資料集」上進行訓練,其表現並不會比一個在「包含更能代表問題的小資料集」上訓練的模型還要好。

許多「監督式訓練資料集」需要透過「手動」或者「半自動處理」來準備。在某些領域,建立一個大型的「監督式資料集」代價不菲。幸運的是,scikit-learn 函式庫包含了一些資料集,這讓開發者可以專注於模型實驗。在開發過程中,尤其是當「訓練資料」很缺乏的時候,一種稱為**交叉驗證**(cross-validation)的實戰技巧,可被用於在「同樣的資料」上「訓練」和「驗證」一個模型。在交叉驗證的過程中,「訓練資料」被分割為幾個部分。模型在除了一個部分以外的資料上進行訓練,並在剩餘的部分上測試。**劃分**的部分(partitions)輪流了幾次,以便「模型」可以在全部的資料上進行「訓練」和「評估」。在現實世界中,每個「劃分」上的模型效能估計得分「平均值」,會優於「單一的訓練/測試劃分」。下圖描繪了 5 個劃分,或 5 **折**(folds)交叉驗證:

	A	B	C	D	E
Cross Validation Iteration 1	Test	Train	Train	Train	Train
Cross Validation Iteration 2	Train	Test	Train	Train	Train
Cross Validation Iteration 3	Train	Train	Test	Train	Train
Cross Validation Iteration 4	Train	Train	Train	Test	Train
Cross Validation Iteration 5	Train	Train	Train	Train	Test

原始資料集被劃分為 5 個數量相等的子集，標記 A 到 E。一開始的時候，模型在劃分 B 到 E 上訓練，在劃分 A 上測試。在下一次的迭代中，模型在劃分 A、C、D 和 E 上進行訓練，在劃分 B 上測試。接著劃分被輪流，直到模型已經在「所有的劃分」之上進行「訓練」和「測試」。與在「單一模型劃分」上進行測試相比，「交叉驗證」能為模型提供更準確的效能估算。

偏誤和變異數

有許多的「指標」能被用來衡量一個模型是否能夠有效地透過「學習」，來完成任務。對於監督式學習問題，有許多的「效能指標」能夠衡量「預測誤差」的量。**預測誤差**（prediction error）有兩個根本原因：模型的**偏誤**（bias）和模型的**變異數**（variance）。假設你有許多獨一無二但是都代表了整體的訓練集。一個具有高偏誤（high bias）的模型，無論是在哪個訓練集上學習，對於一個「輸入」都將產生「類似的誤差」。模型偏誤（model biases）代表「我們對真實關係的假設」和「在訓練資料中證明的關係」之間的差別。反之，一個具有高變異數（high variance）的模型，對一個「輸入」產生的「不同誤差」將依賴於模型學習的訓練集。一個具有「高偏誤」的模型是不靈活的，但是一個具有「高變異數」的模型可能會很靈活，以至於模型可能會對「訓練集」中的「雜訊」進行建模。也就是說，一個具有「高變異數」的模型會**過度擬合**（over-fits）訓練資料，而一個具有「高偏誤」的模型則「**低度擬合**」（under-fits）訓練資料。將「偏誤」和「變異數」視覺化為「射向標靶的飛鏢」，對理解其含義很有幫助。如下圖所示，每一個飛鏢相當於一個預測（prediction），它透過一個模型每次在「不同的資料集」上進行訓練，來射向標靶。一個具有「高偏誤、低變異數」的模型所射出的飛鏢將緊密地聚集在一起，但是卻可能遠離靶心。一個具有「高偏誤、高變異數」的模型所射出的飛鏢，將佈滿整個標靶；飛鏢將遠離靶心，且彼此之間距離很大。一個具有「低偏誤、高變異數」的模型所射出的飛鏢不會聚集，但卻都很靠近靶心。最後，一個具有「低偏誤、低變異數」的模型所射出的飛鏢將聚集在靶心的周圍。

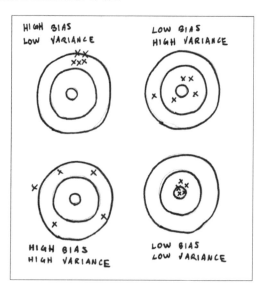

理想情況下，一個模型應該具有「低變異數」和「低偏誤」，但只要減少了其中一個，往往會增加另外一個，這個現象被稱為「**偏誤－變異數權衡**」（bias-variance trade-off）。在本書中，我們將討論模型的「偏誤」和「變異數」。

非監督式學習問題並沒有能用於衡量的「誤差指標」；反之，非監督式學習問題的效能指標可以衡量在資料中發現的「結構」的一些「屬性」，例如：集群內部和集群之間的距離。

大部分的效能評估只能對一種特定類型任務（例如：分類和迴歸）做計算。在現實世界中，我們應該使用能夠代表「錯誤的代價」的效能指標來評估機器學習系統。儘管這條規則乍看之下似乎顯而易見，下面的例子使用了一個效能評估指標對此進行描述，然而這個效能評估指標適用於一般任務，卻不適用於這個特定應用程式。

考慮一個分類任務，一個機器學習系統觀察腫瘤，並對腫瘤是「惡性」還是「良性」做出預測。準確率（或者預測正確的實例的比例），是一種評估程式效能的直觀標準。儘管「準確率」確實能夠用來衡量程式效能，但是它無法區分出惡性被分類為良性，還是良性被分類為惡性。在一些應用程式之中，與所有誤差類型有關的代價可能是相同的。然而在這個問題當中，無法分辨出「惡性腫瘤」是比「錯誤地將良性腫瘤歸類為惡性」還要更嚴重的錯誤。

我們可以衡量每種可能的預測輸出結果，來建立不同的分類器效能視圖。當系統正確地將一個腫瘤分類為「惡性」時，預測結果稱為**真陽性**（true positive，**TP**）。當系統錯誤地將一個良性腫瘤分類為「惡性」時，預測結果稱為**假陽性**（false positive，**FP**）。同樣地，**假陰性**（false negative，**FN**）代表錯誤地預測腫瘤為「良性」，**真陰性**（true negative，**TN**）代表正確地預測腫瘤是「良性」。請注意，「陰性」和「陽性」僅僅作為二元標籤（binary labels）來使用，同時也不會去評判它們所代表的現象。在這個例子中，「惡性腫瘤」被編碼為「陰性」或「陽性」都不重要，只要它在過程中保持一致。真和假、陽和陰可以用來計算一些常見的分類效能評估指標，包括**準確率**（accuracy）、**精準率**（precision）和**召回率**（recall）。

準確率使用以下的公式來計算,在公式中 **TP** 是真陽性的數量,**TN** 是真陰性的數量,**FP** 是假陽性的數量,**FN** 是假陰性的數量:

$$ACC = \frac{TP + TN}{TP + TN + FP + FN}$$

精準率是「被預測為惡性的腫瘤」確實為「惡性」的比例。精準率可以使用以下的公式來計算:

$$P = \frac{TP}{TP + FP}$$

召回率是系統識別出「惡性腫瘤」的比例。召回率透過以下的公式來計算:

$$R = \frac{TP}{TP + FN}$$

在這個例子中,精準率用來衡量「被預測為惡性的腫瘤」實際上也是「惡性」的比例。召回率用來衡量「真正的惡性腫瘤」被發現的比例。

「精準率」和「召回率」的衡量方式可以說明,一個高準確率的分類器實際上並不能探測到大部分的惡性腫瘤。如果「測試集」中大部分的腫瘤都是「良性」的,即使是「從未探測出惡性腫瘤的分類器」也會擁有高準確率。而另一個「低準確率、高召回率」的分類器可能會更適合這個任務,因為它能探測出「更多的惡性腫瘤」。

我們可以使用許多用於「分類器」的效能評估指標。我們將在後面的章節中討論更多的指標,包括用於「多標籤分類問題」的指標。在下一章中,我們將討論一些用於「迴歸任務」的常用效能評估方式。本書內容也會探討「非監督式任務」的效能,我們將在「第 13 章」討論集群分析的效能評估。

scikit-learn 簡介

自 2007 年發布以來,scikit-learn 已經成為最受歡迎的機器學習函式庫之一。scikit-learn 函式庫提供用於機器學習的演算法,包括分類、迴歸、降維和分群。它也提供用於資料預處理、提取特徵、最佳化超參數和評估模型的模組。

scikit-learn 函式庫主要是建置在 NumPy 和 SciPy 這類熱門的 Python 函式庫之上。NumPy 擴充了 Python，以支援「大型陣列」與「多維矩陣」上的高效率操作。SciPy 提供了用於「科學計算」的模組。視覺化函式庫 matplotlib 也經常與 scikit-learn 函式庫一起使用。

scikit-learn 函式庫在學術研究領域頗受歡迎，因為它的 API 有很好的文件，易於使用且非常靈活。只需修改幾行程式碼，開發者就可以使用 scikit-learn 函式庫對不同的演算法進行實驗。scikit-learn 函式庫包含了一些「流行的機器學習演算法」的實作，包括 **LIBSVM** 和 **LIBLINEAR**。其他的 Python 函式庫（包括 NLTK），都包含了針對 scikit-learn 的「包裝器」（wrapper）。scikit-learn 函式庫同時也包括許多資料集，這讓開發者可以專注於演算法，而無須收集和清洗資料。

scikit-learn 函式庫擁有 BSD 許可證，因此開發者可以將其無限制地用於「商業應用程式」之中。對於「非巨型資料集」來說，許多 scikit-learn 函式庫的演算法非常快且具有可擴展性。最後，scikit-learn 函式庫以其可靠性（reliability）聞名，其中大多數的函式庫都通過了「自動化測試」。

安裝 scikit-learn

本書是基於 scikit-learn 函式庫的 0.18.1 版本所編寫的；使用這個版本可以確保本書中的範例正確執行。如果你之前已經安裝過 scikit-learn，可以在 notebook 或 Python 直譯器（interpreter）中執行以下程式碼，來獲得版本號碼：

```
# In[1]:
import sklearn
sklearn.__version__

# Out[1]:
'0.18.1'
```

 套件被命名為 sklearn，原因是 scikit-learn 並不是一個有效的 Python 套件名稱。

如果之前沒有安裝過 scikit-learn，你可以從一個套件管理器（package manager）安裝，或從原始碼建置。在後續的內容中，我們將回顧 Ubuntu 16.04 系統、Mac OS 系統和 Windows 10 系統的安裝過程，而最新的安裝指令，亦可以參考：https://scikit-learn.org/stable/install.html。以下的指令只假設你已經安裝了 Python 版本 2.6 或者 3.3。關於安裝 Python 的說明，請參考：http://www.python.org/download/。

使用 pip 安裝

scikit-learn 最簡單的安裝方式是使用 pip，即 PyPA 推薦的用於安裝 Python 套件的工具。請用下面的指令，使用 pip 安裝 scikit-learn：

```
$ pip install -U scikit-learn
```

若你的系統無法使用 pip，請參考接下來的幾個小節，以獲取不同平台的安裝說明。

在 Windows 系統下安裝

scikit-learn 函式庫需要 setuptools，這是一個支援對 Python 封裝和安裝軟體的第三方套件。setuptools 可以透過執行啟動腳本（bootstrap script）https://bootstrap.pypa.io/ez_setup.py 在 Windows 系統下安裝。

Windows 系統下也有可用的 32-bit 版本和 64-bit 版本的二進位文件。若你無法決定應該使用哪一個版本，那就安裝 32-bit 版本。兩個版本都依賴 NumPy 1.3 或更新的版本。32-bit 版本的 NumPy 可以從 http://sourceforge.net/projects/numpy/files/Numpy/ 下載。64-bit 版本可以從 http://www.lfd.uci.edu/~gohlke/pythonlibs/#scikit-learn 下載。

32-bit 版本 scikit-learn 的 Windows 安裝程式（installer）可以從 https://sourceforge.net/projects/scikit-learn/files/ 下載。64-bit 版本 scikit-learn 的 Windows 安裝程式可以從 http://www.lfd.uci.edu/~gohlke/pythonlibs/#scikit-learn 下載。

在 Ubuntu 16.04 系統下安裝

在 Ubuntu 16.04 系統中可以使用 apt 安裝 scikit-learn：

```
$ sudo apt install python-scikits-learn
```

在 Mac OS 系統下安裝

在 OS X 系統中可以使用 **Macports** 安裝 scikit-learn：

```
$ sudo port install py27-sklearn
```

安裝 Anaconda

Anaconda 是一個免費的包含超過 720 個 Python 開放原始碼資料科學套件的集合，其中包含 scikit-learn、NumPy、SciPy、pandas 和 matplotlib。Anaconda 適用不同的平台且易於安裝。請參考 https://docs.continuum.io/anaconda/install/，來查看你作業系統的安裝指令。

驗證安裝

為了驗證你的 scikit-learn 函式庫已經正確地安裝，請打開一個 Python 控制台，執行以下程式碼：

```
# In[1]:
import sklearn
sklearn.__version__

# Out[1]:
'0.18.1'
```

為了執行 scikit-learn 函式庫的單元測試，首先需要安裝 nose Python 函式庫。然後在一個虛擬終端機（terminal emulator）中執行以下的命令：

```
$ nosetest sklearn -exe
```

恭喜你！你已經成功安裝了 scikit-learn。

安裝 pandas、Pillow、NLTK 和 matplotlib

pandas 是一個提供「資料結構」和「分析工具」的開源 Python 函式庫。pandas 是一個強大的函式庫，關於如何使用 pandas 進行「資料分析」的書籍並不少。我們將使用 pandas 中一些方便的工具，來匯入「資料」和計算「摘要性統計量」（summary statistics）。Pillow 是 Python 函式庫 Imaging 的一個分支，它提供了許多影像處理功能。NLTK 是一個處理人類語言的函式庫。和 scikit-learn 一樣，推薦使用 pip，來安裝 pandas、Pillow 和 NLTK 函式庫。在一個虛擬終端機中執行以下命令：

```
$ pip install pandas pillow nltk
```

matplotlib 是一個能輕鬆建立繪圖、直方圖和其他圖表的 Python 函式庫。我們將使用它來視覺化訓練資料和模型。matplotlib 有一些依賴關係。和 pandas 一樣，matplotlib 依賴於 NumPy（我們已經安裝過）。在 Ubuntu 16.04 系統下，可以使用以下命令安裝 matplotlib 和其依賴關係：

```
$ sudo apt install python-matplotlib
```

可以從 https://matplotlib.org/downloads.html 下載用於 Mac OS 系統和 Windows 10 系統的二進位套裝軟體。

小結

在本章中，我們將「機器學習」定義為程式的設計，這些程式可以透過從「經驗」中學習，來提升執行任務時的「效能」。我們討論了進行監督的範圍。其中一端是「監督式學習」：監督式學習程式從「標記的輸入」和「對應的輸出」中學習。而「非監督式學習」則位於另一端：非監督式學習軟體必須從「未標記的輸入」中發現「結構」。「半監督式學習」會同時使用「已標記」和「未標記」的訓練資料。

接著，我們討論機器學習任務的常見類型，並審閱了每種類型的幾個例子。在「分類任務」中，程式從觀察到的「解釋變數」預測離散的「反應變數值」。在「迴歸任務」中，程式必須從「解釋變數」預測「連續反應變數值」。非監督式學習包括「分群」（「觀察值」會根據一些「相似性衡量標準」被組織到不同群體之中）和「降維」（將一個「解釋變數集合」縮小至一個合成特徵的「小型集合」，同時盡可能保持資訊）。我們還討論了「偏誤－變異數權衡」，並討論了對於不同機器學習任務的常見「效能評估」方法。

在本章內容中，我們討論了 scikit-learn 函式庫的歷史、目標和優勢。最後，我們透過安裝 scikit-learn 函式庫以及其他經常一起聯合使用的函式庫，來準備「開發環境」。在下一章中，我們將討論一個用於「迴歸任務」的簡單模型，並使用 scikit-learn 函式庫建置自己的第一個機器學習模型。

2

簡單線性迴歸

在本章中，我們將介紹第一個模型：**簡單線性迴歸（Simple Linear Regression）**。「簡單線性迴歸」對「一個反應變數（response variable）」和「解釋變數（explanatory variable）的某個特徵（feature）」之間的「關係」進行建模。我們將討論如何對模型進行「擬合」，同時也會解決一個玩具問題（**譯者注**：玩具問題／ toy problem 是指一個真實問題的過度簡化版本，通常用於對真實問題的調查、研究和測試。）雖然「簡單線性迴歸」對於「現實世界的問題」幾乎不具有可用性，但是理解「簡單線性迴歸」是理解許多其他模型的關鍵。在後面的章節中，我們將學到「簡單線性迴歸」的一般化模型，並將它應用於現實世界的資料集。

簡單線性迴歸

在前面的章節中，我們學到了在「監督式學習問題」中用「訓練資料」估算一個模型的參數。用「解釋變數」的「觀察值」及其對應的「反應變數」組成「訓練資料」，訓練好的模型可用於預測「未被觀察到的解釋變數值」對應的「反應變數值」。回顧一下，迴歸問題的目標是預測一個「連續反應變數的值」（value of a continuous response variable）。在本章中，我們將檢驗「簡單線性迴歸」，它常用來對「一個反應變數」和「解釋變數的特徵」之間的「關係」進行建模。

假設你希望瞭解「披薩」的價格。你可能會簡單地查看 menu。然而，本書是一本關於機器學習的書籍，因此我們將根據能觀察到的披薩「屬性」（或「解釋變數」），來預測披薩的「價格」。讓我們來對披薩的「尺寸」和「價格」之間的關係進行建模。首先，我們將使用 scikit-learn 編寫一段程式，透過提供的披薩「尺寸」來預測其「價格」。接著，我們將討論「簡單線性迴歸」的執行，以及如何將其一般化，來解決其他類型的問題。

假設你已經記錄了吃過的披薩的「直徑」（diameters）和「價格」（prices）。下表中的「觀察值」組成了我們的訓練資料：

訓練實例	直徑	價格
1	6	7
2	8	9
3	10	13
4	14	17.5
5	18	18

我們可以使用 matplotlib 繪圖，將「訓練資料」視覺化，如下所示：

```
# In[1]:
import numpy as np
import matplotlib.pyplot as plt
# "np" 和 "plt" 分別是 NumPy 函式庫和 Matplotlib 函式庫的常用別名

# 在 scikit-learn 中的一個慣用方式，是將特徵向量的矩陣命名為 X
# 大寫字母表示矩陣，小寫字母表示向量

X = np.array([[6], [8], [10], [14], [18]]).reshape(-1, 1)
# X 表示我們的訓練資料的特徵，即披薩的直徑
y = [7, 9, 13, 17.5, 18]
# y 是一個表示披薩價格的向量

plt.figure()
plt.title('Pizza price plotted against diameter')
plt.xlabel('Diameter in inches')
plt.ylabel('Price in dollars')
plt.plot(X, y, 'k.')
plt.axis([0, 25, 0, 25])
plt.grid(True)
plt.show()
```

腳本中的注釋表示 x 是「披薩直徑」的「矩陣」（matrix），y 是表示「披薩價格」的「向量」（vector）。這樣做的原因將會在下一章中詳述。這段腳本會產生下圖。披薩的直徑在「x 軸」上繪製，披薩的價格在「y 軸」上繪製：

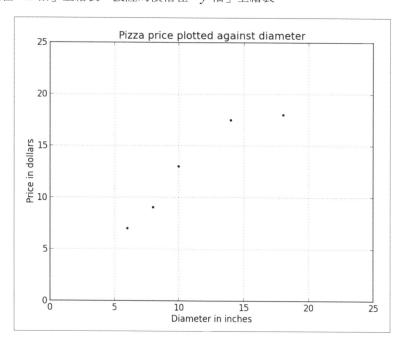

從訓練資料的圖中，我們可以看出披薩的「直徑」和「價格」之間存在「正相關關係」，這應該可以由自己吃披薩的經驗所證實。隨著披薩「直徑」的增加，它的「價格」通常也會上漲。下面的程式碼使用了「簡單線性迴歸」，來對這種關係進行建模。讓我們看看這段程式碼，並討論「簡單線性迴歸」是如何執行的：

```
# In[2]:
from sklearn.linear_model import LinearRegression
model = LinearRegression()  # Create an instance of the estimator
model.fit(X, y)  # Fit the model on the training data

test_pizza = np.array([[12]])
predicted_price = model.predict(test_pizza)[0]
# 預測一個披薩的價格，這個披薩有之前從未見過的直徑
print('A 12" pizza should cost: $%.2f' % predicted_price)
# Out[2]:
A 12" pizza should cost: $13.68
```

「簡單線性模型」假設「反應變數」和「解釋變數」之間存在線性關係,它使用一個被稱作**超平面**(hyperplane)的線性表面,來對這種關係進行建模。一個「超平面」是一個子空間,它比組成它的「環繞空間」(ambient space)小一個維度。在「簡單線性迴歸」中一共有兩個維度:一個維度表示「反應變數」,另一個維度表示「解釋變數」。因此,「迴歸超平面」(regression hyperplane)只有一個維度;一個一維的超平面是一條「直線」。

LinearRegression 類別是一個**估計器(estimator)**。估計器根據「觀察到的資料」預測一個值。在 scikit-learn 中,所有的估計器都實作了 fit 方法和 predict 方法。前者用於學習模型的「參數」,後者使用「學習到的參數」來預測一個「解釋變數」對應的「反應變數值」。使用 scikit-learn 可以非常簡單地對不同模型進行實驗,因為所有的估計器都實作了 fit 和 predict 方法,嘗試新的模型只需要簡單地修改一行程式碼。LinearRegression 的 fit 方法學習了以下「簡單線性迴歸模型」的「參數」:

$$y = \alpha + \beta x$$

在上面的公式中,y 是「反應變數」的預測值,在這個例子中,它表示披薩的「預測價格」。x 表示「解釋變數」。「截距項」(intercept term)α 和「係數」(coefficient)β 都是可以透過「學習演算法」學到的模型參數。下圖中的「超平面」對一個披薩的「價格」和「尺寸」之間的「關係」進行建模。使用這個模型,我們可以預測一個「直徑為 8 英寸的披薩」價格應該為 7.33 美元,一個「直徑為 20 英寸的披薩」價格應該是 18.75 美元。

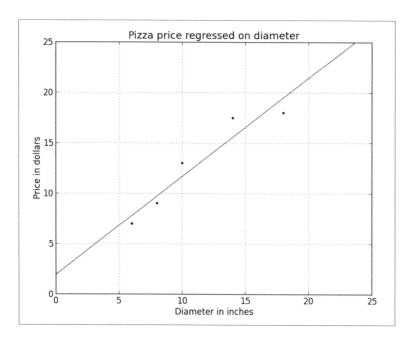

利用「訓練資料」學習「參數值」，而這些「參數值」被用於產生「最佳擬合模型」的「簡單線性迴歸」，這種方法被稱作**普通最小平方法**（Ordinary Least Squares，**OLS**）或**線性最小平方法**（linear least squares）。在本章中，我們將討論一種分析求解「模型參數值」的方法。在後面的章節中，我們將學習適用於「在大型資料集合中逐漸逼近參數值」的方法，但首先，我們必須釐清，讓「模型」擬合「訓練資料」的定義為何。

用成本函數評價模型的擬合性

在下圖中，我們根據一些參數集合的「值」，繪製出幾條「迴歸線」（regression line）。然而我們如何去評估哪組「參數值」產生了「最佳擬合迴歸線」呢？

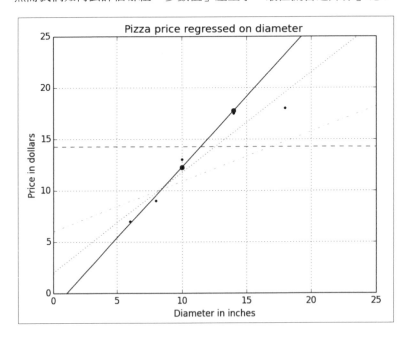

成本函數（cost function），也被稱為**損失函數**（loss function），它用於定義和衡量一個模型的「誤差」（error）。由模型預測出的「價格」，與在「訓練資料集」中「觀察到的披薩價格」，這兩者之間的「差值」被稱作**殘差**（residuals）或者**訓練誤差**（training errors）。稍後，我們將使用一個「單獨的測試資料集」來評價模型。在測試資料中，「預測值」和「觀察值」之間的「差值」叫作**預測誤差**（prediction errors）或者**測試誤差**（test errors）。下圖中，模型的「殘差」由「訓練實例點」和「迴歸超平面」之間的「垂直線」表示：

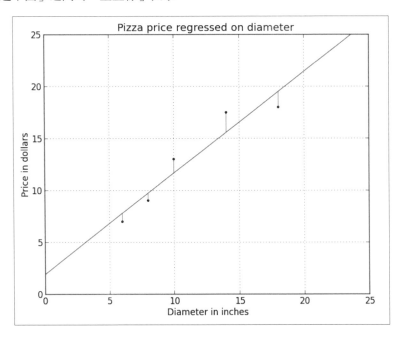

我們可以透過最小化「殘差的和」，來生成「最佳披薩價格預測器（predictor）」。也就是說，對於所有「訓練資料」而言，如果模型預測的「反應變數」都接近「觀察值」，那麼模型就是擬合的，這種衡量模型擬合的方法叫作**殘差平方和**（residual sum of squares，**RSS**）成本函數。在形式上，該函數透過對所有訓練資料的「殘差平方」求「和」，來衡量模型的擬合性（fitness）。RSS 由下面方程式的公式計算出來，其中 y_i 是觀察值，$f(x_i)$ 是預測值：

$$SS_{res} = \sum_{i=1}^{n} (y_i - f(x_i))^2$$

我們可以在之前的程式碼後面加上以下兩行，來計算模型的 RSS：

```
print('Residual sum of squares: %.2f' % np.mean((model.predict(X)
   - y) ** 2))
Residual sum of squares: 1.75
```

現在我們有了一個成本函數，可以透過求這個函數的「極小值」，來找出模型的「參數值」。

求解簡單線性迴歸的 OLS

在這一小節中，我們將求解「簡單線性迴歸的普通最小平方法（OLS）」。回想一下，「簡單線性迴歸」由方程式 $y = \alpha + \beta x$ 給出，而我們的目標是透過求「成本函數的極小值」來求解出 β 和 α 的值。首先我們將解出 β 值，為了達到目的，我們將計算 x 的**變異數**（variance）以及 x 和 y 的**共變異數**（covariance）。變異數用來衡量一組值的「偏離」程度，如果集合中的所有數值都相等，那麼這組值的變異數為 0。變異數「小」意味著這組值都很「接近」總體平均值，而如果集合中包含偏離「平均值」很遠的資料，則集合會有「很大的變異數」。變異數可以使用下面的公式計算出來：

$$var(x) = \frac{\sum_{i=1}^{n}(x_i - \bar{x})^2}{n - 1}$$

$\bar{x}$ 表示 x 的平均值，x_i 是訓練資料中的第 i 個 x 的值，n 表示訓練資料的總量。我們來計算一下訓練資料中「披薩直徑」的變異數，如下所示：

```
# In[2]:
import numpy as np

X = np.array([[6], [8], [10], [14], [18]]).reshape(-1, 1)
x_bar = X.mean()
print(x_bar)

# 注意我們在計算樣本變異數的時候，將樣本的數量減去 1
# 這項技巧稱為 Bessel's correction，它校正了對樣本中母體變異數（population
variance）估計的偏誤

variance = ((X - x_bar)**2).sum() / (X.shape[0] - 1)
print(variance)

# Out[2]:
```

```
11.2
23.2
```

NumPy 函式庫也提供了一個叫作 var 的方法來計算變異數。計算樣本變異數時，關鍵字參數 ddof 可以設置 Bessel's correction（貝塞爾校正／貝索校正），如下所示：

```
# In[3]:
print(np.var(X, ddof=1))

# Out[3]:
23.2
```

共變異數可以衡量「兩個變數」如何一起變化。如果變數一起「增加」，它們的共變異數為「正」（positive）。如果一個變數增加時、另一個變數減少，它們的共變異數為「負」（negative）。如果兩個變數之間沒有線性關係，它們的共變異數為 0，它們是線性無關的，但不一定是相對獨立的。共變異數可以使用以下的公式計算：

$$cov(x, y) = \frac{\sum_{i=1}^{n} (x_i - \bar{x})(y_i - \bar{y})}{n - 1}$$

和變異數一樣，x_i 表示訓練資料中第 i 個 x 的值，$\bar{x}$ 表示直徑的平均值，$\bar{y}$ 表示價格的平均值，y_i 表示訓練資料中第 i 個 y 的值，n 表示訓練資料的總量。我們來計算一下，訓練資料中披薩直徑和價格的共變異數，如下所示：

```
# In[4]:
# 之前我們使用一個列表表示 y
# 在這裡，我們改為使用一個 NumPy ndarray，它包含了幾個計算樣本平均值的方法
y = np.array([7, 9, 13, 17.5, 18])

y_bar = y.mean()
# 我們將 X 轉置，因為所有的操作都必須是列向量
covariance = np.multiply((X - x_bar).transpose(), y - y_bar).sum() /
(X.shape[0] - 1)
print(covariance)
print(np.cov(X.transpose(), y)[0][1])

# Out[4]:
22.65
22.65
```

現在，我們已經計算出「解釋變數的變異數」，以及「解釋變數和反應變數之間的共變異數」，可以使用公式解出 β 值：

$$\beta = \frac{cov(x, y)}{var(x)}$$

$$\beta = \frac{22.65}{23.2} \approx 0.98$$

解出 β 值以後，我們可以使用以下公式解出 α 值：

$$\alpha = \bar{y} - \beta\bar{x}$$

在這裡，$\bar{y}$ 是 y 的平均值，$\bar{x}$ 是 x 的平均值。$(\bar{x}, \bar{y})$ 是質心的座標，是一個模型必須經過的點。

$$\alpha = 12.9 - 0.98 \times 11.2 \approx 1.92$$

現在我們已經透過求「成本函數的極小值」解出了「模型的參數值」，可以帶入披薩的「直徑」預測它們的「價格」。例如：一個 11 英寸的披薩預計花費 12.70 美元，一個 18 英寸的披薩預計花費 19.54 美元。恭喜！你已經使用「簡單線性迴歸」預測了披薩的價格。

評價模型

我們已經使用了一種「學習演算法」，從「訓練資料」中估算出「模型的參數」。那我們又該如何評估「模型」是否很好地表達了現實中「解釋變數」和「反應變數」之間的關係呢？假設你找到了另一頁披薩 menu，我們將使用這一頁中的紀錄作為「測試資料集」，來衡量模型的表現。下表是一個包含 4 行資料的表格，其中包括由我們的模型預測出的披薩價格。

測試實例	披薩直徑（英寸）	真實價格（美元）	預測價格（美元）
1	8	11	9.7759
2	9	8.5	10.7522
3	11	15	12.7048
4	16	18	17.5863
5	12	11	13.6811

我們可以使用一些衡量方法來評估模型的預測能力。在這裡，我們使用一種叫作 R 平方的方法，來評價披薩價格預測器。**R 平方（R-squared）**，也被稱作**決定係數（coefficient of determination）**，它用來衡量「資料」和「迴歸線」的貼近程度。計算 R 平方的方法有很多種，在簡單線性迴歸模型當中，R 平方等於 **Pearson 積差相關係數**（Pearson product-moment correlation coefficient，**PPMCC**）的平方，也常簡寫為 **Pearson's r**。使用該計算方法，R 平方必須是 0 和 1 之間的正數，其原因很符合直覺：如果「R 平方」描述的是「由模型解釋的反應變數」之中的「變異數的比例」，這個「比例」不能「大於 1」或者「小於 0」。其他一些計算方法，包括 scikit-learn 函式庫使用的方法，並不使用「Pearson's r 的平方公式」計算「R 平方」。如果模型的表現非常差，由這些計算方法求出的「R 平方」可能為負值。瞭解「效能指標」的侷限性是非常重要的，R 平方對於「離群值」（outlier）特別敏感，當「新的特徵（feature）」被增加到模型之中時，它常常會出現異樣的增長。

我們透過 scikit-learn 使用的方法，來計算披薩價格預測器的「R 平方」。首先我們需要算出**總平方和**（total sum of squares）。y_i 是第 i 個測試實例的「反應變數觀察值」，$\bar{y}$ 是反應變數的觀察值「平均值」，如下所示。

$$SS_{tot} = \sum_{i=1}^{n} (y_i - \bar{y})^2$$

$$\text{SS}_{tot} = (11 - 12.7)^2 + (8.5 - 12.7)^2 + \cdots + (11 - 12.7)^2 = 56.8$$

其次，我們需要算出 RSS。回顧一下，這個公式與「前面提到的成本函數的計算公式」相同，如下所示：

$$SS_{res} = \sum_{i=1}^{n} (y_i - f(x_i))^2$$

$$SS_{res} = (11 - 9.78)^2 + (8.5 - 10.75)^2 + \cdots + (11 - 13.68)^2 \approx 19.20$$

最後，我們使用以下公式計算出「R 平方」：

$$R^2 = 1 - \frac{SS_{res}}{SS_{tot}}$$

$$R^2 = 1 - \frac{19.20}{56.8} \approx 0.66$$

「R 平方」計算得分為 **0.662**，這表明「測試實例的價格變數」的「變異數」，在很大比例上是可以被「模型」解釋的。現在用 scikit-learn 函式庫來印證我們的計算結果。如下面的程式碼所示，LinearRegression 類別的 score 方法回傳了模型的 R 平方值：

```
# In[1]:
import numpy as np
from sklearn.linear_model import LinearRegression

X_train = np.array([6, 8, 10, 14, 18]).reshape(-1, 1)
y_train = [7, 9, 13, 17.5, 18]

X_test = np.array([8, 9, 11, 16, 12]).reshape(-1, 1)
y_test = [11, 8.5, 15, 18, 11]

model = LinearRegression()
model.fit(X_train, y_train)
r_squared = model.score(X_test, y_test)
print(r_squared )

# Out[1]:
0.6620
```

小結

在本章中，我們介紹了簡單線性迴歸模型，它對「單一解釋變數」和「連續反應變數」之間的「關係」進行建模。我們透過一個玩具問題，由披薩的「直徑」來預測其「價格」。我們使用「殘差平方和（RSS）成本函數」，來評估模型的擬合性，並透過「成本函數的極小值」，分析求解出「模型參數」，並在一個「測試資料集」上衡量模型的效能。最後，我們介紹了 scikit-learn 函式庫的估計器 API。在下一章中，我們將比較「簡單線性迴歸」和另一種簡單普遍的模型：**KNN**（K 最近鄰演算法）。

3

使用KNN演算法分類和迴歸

在本章中，我們將介紹 **KNN**（K-Nearest Neighbors，**K 最近鄰演算法**），這是一種可以用於分類（classification）和迴歸（regression）任務的演算法。KNN 簡單的外表下隱藏著強大的功能和高可用性，它廣泛應用於現實世界的各個領域，包括搜尋系統和推薦系統。我們將比較 KNN 和簡單線性迴歸模型，同時透過幾個玩具問題來理解 KNN 模型。

KNN 模型

KNN 模型是一種用於「迴歸任務」和「分類任務」的簡單模型。它是如此簡單，以至於可以從它的名字猜測其演算法的原理。演算法中的「鄰居」代表的是**度量空間**（metric space，又譯「賦距空間」）中的訓練實例（training instances）。度量空間是定義了集合中所有成員之間「距離」的特徵空間（feature space）。在前一章的披薩問題中，由於我們定義了所有披薩直徑之間的「距離」，因此，所有的訓練實例都可以在一個「度量空間」之中表示。「鄰居」用於估算一個「測試實例」對應的「反應變數值」。超參數 k 被用來指定估算的過程當中，應該包含多少個「鄰居」。超參數（hyperparameter）是用來控制演算法如何「學習」的參數，它不透過「訓練資料」來估計，一般需要「人為指定」。最後，演算法透過某種距離函數（distance function），從度量空間中選出與「測試實例」距離最近的「k 個鄰居」。

對於分類任務，訓練集是由一組「特徵向量（feature vectors）的 tuple」和「標籤類別」所組成。KNN 演算法可用於二元（binary）分類、多元（multi-class）分類以及多標籤（multi-label）分類任務，在後續的內容中，我們將分別介紹這些任務；本章的內容將只關注二元分類任務。最簡單的 KNN 分類器（classifier）使用「KNN 標籤模式」對測試實例進行分類，但是我們也可以使用其他策略。超參數 k 經常被設置為一個「奇數」，來防止出現和局（tie）現象。在迴歸任務中，每一個「特徵向量」都會和一個「反應變數」相互關聯，此處的「反應變數」是一個實值純量（real-valued scalar）而不是一個標籤，預測結果為 KNN 反應變數的平均值或權重平均值（weighted mean）。

惰式學習和非參數模型

KNN 是一種**惰式學習模型**（lazy learner）。惰式學習模型也被稱作**基於實例的學習模型**（instance-based learners），會對「訓練資料集」進行少量的處理或者完全不處理。和「簡單線性迴歸」這樣的**勤奮學習模型**（eager learners）不同，KNN 在訓練階段不會估算由模型產生的參數。惰式學習有利有弊。在「訓練」勤奮學習模型時，通常很耗費計算資源，但是在模型「預測」階段的代價並不昂貴。例如：在「簡單線性迴歸」當中，預測階段只需要將「特徵」乘以「係數」，再加上截距參數（intercept parameter）即可。惰式學習模型幾乎可以進行「即刻預測」，但是需要付出高昂的代價。在 KNN 模型最簡單的實作中，若要進行預測，必須計算出一個測試實例和所有訓練實例之間的「距離」。

和我們將要討論的其他模型不同，KNN 是一種**非參數模型**（non-parametric model）。**參數模型**（parametric model）使用「固定數量的參數或者係數」去定義能夠對資料進行總結的模型，「參數的數量」獨立於「訓練實例的數量」。非參數模型，從字面來上看似乎是個誤稱，因為它並不意味著模型不需要參數。反之，非參數模型代表「模型的參數個數」並不固定，它可能隨著「訓練實例數量」的增加而增加。

當訓練資料數量龐大，同時你對反應變數和解釋變數之間的「關係」所知甚少時，非參數模型會非常有用。KNN 模型只基於一個假設：「互相接近的實例」擁有「類似的反應變數值」。非參數模型所提供的彈性並不總是令人嚮往的；當極度缺乏訓練資料，或當你對反應變數和解釋變數之間的關係已有所瞭解時，對反應變數和解釋變數之間「關係」做假設的模型就很有用。

KNN 模型分類

回顧一下，「第 1 章」定義了「分類任務的目標」是使用一個或多個特徵去預測一個「離散反應變數」（discrete response variable）的值。下面讓我們看看一個玩具分類問題。假設你需要使用一個人的「身高」和「體重」去預測「性別」。由於反應變數只能從兩個標籤之中二選一，因此這個問題稱為**二元分類（binary classification）**。下表中記錄了 9 個訓練實例：

身高	體重	標籤
158cm	64kg	男性
170cm	66kg	男性
183cm	84kg	男性
191cm	80kg	男性
155cm	49kg	女性
163cm	59kg	女性
180cm	67kg	女性
158cm	54kg	女性
178cm	77kg	女性

和上一章中的「簡單線性迴歸」問題不同，此處我們使用兩個「解釋變數特徵」預測「反應變數值」。KNN 並不僅限於兩個特徵的情形；KNN 演算法可以使用任意數量的特徵，但當特徵數量多於 3 時，將無法進行視覺化。我們使用 `matplotlib` 函式庫繪製「散佈圖」（scatter plot），將訓練資料視覺化：

```
# In[1]:
import numpy as np
import matplotlib.pyplot as plt

X_train = np.array([
 [158, 64],
 [170, 86],
 [183, 84],
 [191, 80],
 [155, 49],
 [163, 59],
 [180, 67],
 [158, 54],
 [170, 67]
])
y_train = ['male', 'male', 'male', 'male', 'female', 'female', 'female',
   'female', 'female']

plt.figure()
plt.title('Human Heights and Weights by Sex')
plt.xlabel('Height in cm')
plt.ylabel('Weight in kg')

for i, x in enumerate(X_train):
# 使用 'x' 標記表示訓練實例中的男性，使用菱形標記表示訓練實例中的女性
plt.scatter(x[0], x[1], c='k', marker='x' if y_train[i] == 'male'
else 'D')
plt.grid(True)
plt.show()
```

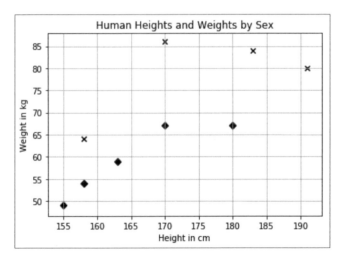

上圖用 **x** 標記表示男性，用◆標記表示女性，我們可以看出，男性的整體趨勢比女性更高、更重。這也與我們的日常生活經驗一致。現在有一個已知身高體重的人，讓我們使用 KNN 來預測其性別。假設我們要預測一個身高 155 公分，體重 70 公斤的人的性別。首先我們需要定義距離衡量方法，在此我們使用歐幾里德距離，即在一個歐幾里德空間中兩點之間的直線距離。二維空間中的歐幾里德距離計算如下所示：

$$d(p,q) = d(q,p) = \sqrt{\left(q_1 - p_1\right)^2 + \left(q_2 - p_2\right)^2}$$

接下來，我們需要計算測試實例和所有訓練實例之間的距離：

Height	Weight	Label	Distance from test instance
158 cm	64 kg	`male`	$\sqrt{\left(158-155\right)^2 + \left(64-70\right)^2} = 6.71$
170 cm	66 kg	`male`	$\sqrt{\left(170-155\right)^2 + \left(64-70\right)^2} = 21.93$
183 cm	84 kg	`male`	$\sqrt{\left(183-155\right)^2 + \left(84-70\right)^2} = 31.30$
191 cm	80 kg	`male`	$\sqrt{\left(191-155\right)^2 + \left(80-70\right)^2} = 37.36$
155 cm	49 kg	`female`	$\sqrt{\left(155-155\right)^2 + \left(49-70\right)^2} = 21.00$
163 cm	59 kg	`female`	$\sqrt{\left(163-155\right)^2 + \left(59-70\right)^2} = 13.60$
180 cm	67 kg	`female`	$\sqrt{\left(180-155\right)^2 + \left(67-70\right)^2} = 25.18$
158 cm	54 kg	`female`	$\sqrt{\left(158-155\right)^2 + \left(54-70\right)^2} = 16.28$
178 cm	77 kg	`female`	$\sqrt{\left(178-155\right)^2 + \left(77-70\right)^2} = 24.04$

我們設置參數 k 為 3，並選取 3 個距離最近的訓練實例。下面的程式碼計算出「測試實例」和「所有訓練實例」之間的距離，並找出距離最近的「鄰居」中，最普遍的性別：

```
# In[2]:
x = np.array([[155, 70]])
distances = np.sqrt(np.sum((X_train - x)**2, axis=1))
distances

# Out[2]:
array([ 6.70820393, 21.9317122 , 31.30495168, 37.36308338, 21. ,
13.60147051, 25.17935662, 16.2788206 , 15.29705854])
```

```
# In[3]:
nearest_neighbor_indices = distances.argsort()[:3]
nearest_neighbor_genders = np.take(y_train, nearest_neighbor_indices)
nearest_neighbor_genders

# Out[3]:
array(['male', 'female', 'female'], dtype='|S6')

# In[4]:
from collections import Counter
b = Counter(np.take(y_train, distances.argsort()[:3]))
b.most_common(1)[0][0]

# Out[4]:
'female'
```

下圖用「圓形」來表示「測試實例」，用「放大的標記」來表示「最近的 3 個鄰
居」：

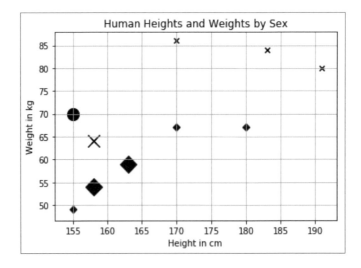

兩個鄰居為「女性」，一個鄰居為「男性」，因此預測「測試實例」為「女性」。現在使用 scikit-learn 函式庫實作一個 KNN 分類器吧：

```
# In[5]:
from sklearn.preprocessing import LabelBinarizer
from sklearn.neighbors import KNeighborsClassifier

lb = LabelBinarizer()
y_train_binarized = lb.fit_transform(y_train)
y_train_binarized

# Out[5]:
array([[1],
       [1],
       [1],
       [1],
       [0],
       [0],
       [0],
       [0],
       [0]])

# In[6]:
K= 3
clf = KNeighborsClassifier(n_neighbors=K)
clf.fit(X_train, y_train_binarized.reshape(-1))
prediction_binarized = clf.predict(np.array([155, 70]).reshape(1,
    -1))[0]
predicted_label = lb.inverse_transform(prediction_binarized)
predicted_label

# Out[6]:
array(['female'],
      dtype='|S6')
```

我們的標籤是字串（strings），因此首先使用 LabelBinarizer 將其轉換為整數。LabelBinarizer 類別實作了**轉換器介面**（transformer interface），其中包含 fit、transform 和 fit_transform 方法。fit 方法進行了一些轉換準備工作，在此處是將「標籤字串」映射到「整數」，transform 方法則是將「映射關係」應用於「輸入標籤」。fit_transform 方法同時呼叫了 fit 和 transform 方法，使用起來非常方便。轉換器只應該在「訓練資料集」上進行擬合。若是分別對「訓練資料集」和「測試資料集」進行擬合與轉換，將會導致「標籤」到「整數」映射不一致

（inconsistent mappings）的情況。在上面的例子中，男性標籤在「訓練資料集」中映射為 1，在「測試資料集」中映射為 0。一些轉換器會將「測試資料集」的資訊洩露（leak）到模型之中，因此應該避免對全部資料集做擬合。這個優勢不存在於「生產環境」之中，因此對「測試資料集」的效能進行評估可能會比較樂觀。當我們從「文本」中提取特徵時，我們將會深入探討這個問題。

接著，我們將 KNeighborsClassifier 類別初始化（initialize）。儘管 KNN 是一種惰式學習模型，它依然實作了估計器介面。正如在「簡單線性迴歸模型」中所做的一樣，我們呼叫了 fit 和 predict 方法。最後，我們使用已經完成擬合的 LabelBinarizer 進行「逆向轉換」回傳「字串標籤」。如下表所示，現在使用我們的分類器對一個「測試資料集」進行預測，同時對分類器的效能進行評估：

身高	體重	標籤
168cm	65kg	男性
170cm	61kg	男性
160cm	52kg	女性
169cm	67kg	女性

```
# In[7]:
X_test = np.array([
 [168, 65],
 [180, 96],
 [160, 52],
 [169, 67]
])
y_test = ['male', 'male', 'female', 'female']
y_test_binarized = lb.transform(y_test)
print('Binarized labels: %s' % y_test_binarized.T[0])
predictions_binarized = clf.predict(X_test)
print('Binarized predictions: %s' % predictions_binarized)
print('Predicted labels: %s' % lb.inverse_transform(predictions_
binarized))

# Out[7]:
Binarized labels: [1 1 0 0]
Binarized predictions: [0 1 0 0]
Predicted labels: ['female' 'male' 'female' 'female']
```

比較「測試標籤」和「分類器的預測」，我們發現其中一個「男性」的測試實例，被錯誤地預測為「女性」。回顧「第 1 章」，二元分類任務中有兩種錯誤類型：假陽性（false positive，FP，即誤報）和假陰性（false negative，FN，即漏報）。有很多的效能評估方法可以用於分類器，而根據具體應用中所出現的錯誤類型，其中的一些方法會更加適用。我們將使用幾種常見的效能評估方法來評估分類器，包括準確率（accuracy）、精準率（precision）和召回率（recall）。**準確率**是測試實例中「正確分類」的比例。如下所示，我們的模型對 4 個實例中的「1 個」分類錯誤，因此準確率為 **75%**：

```
# In[8]:
from sklearn.metrics import accuracy_score
print('Accuracy: %s' % accuracy_score(y_test_binarized,
    predictions_binarized))

# Out[8]:
Accuracy: 0.75
```

精準率是指「被預測為陽性的測試實例」之中「真正為陽性」的比例。在這個例子中，陽性類別／正向類別（positive class）為男性。將男性和女性分配為正向類別和負向類別是隨機的，反過來也可以。如下所示，我們的分類器預測一個測試實例為正向類別，這個實例「實際上」也是正向類別，因此，分類器的精準率為 **100%**：

```
# In[9]:
from sklearn.metrics import precision_score
print('Precision: %s' % precision_score(y_test_binarized,
    predictions_binarized))

# Out[9]:
Precision: 1.0
```

召回率是指「實際上是正向類別的測試實例」被預測為「正向類別」的比例。如下所示，我們的分類器將兩個「實際上是正向類別的測試實例」預測為「正向類別」，因此，召回率為 **50%**：

```
# In[10]:
from sklearn.metrics import recall_score
print('Recall: %s' % recall_score(y_test_binarized,
    predictions_binarized))

# Out[10]:
Recall: 0.5
```

有時候，用一個「統計變數」來總結「精準率」和「召回率」是很有用的，這個統計變數被稱作 **F1 分數**（F1 score）或者 **F1 度量**（F1 measure）。如下所示，F1 分數是精準率和召回率的「調和平均值」（harmonic mean）：

```
# In[11]:
from sklearn.metrics import f1_score
print('F1 score: %s' % f1_score(y_test_binarized,
    predictions_binarized))

# Out[11]:
F1 score: 0.666666666667
```

請注意，精準率和召回率的算術平均值（arithmetic mean）是 F1 分數的上界（upper bound）。當分類器的精準率和召回率之間的「差異」增加時，F1 分數對分類器的「懲罰程度」也會增加。如下所示，**Matthews 相關係數**（Matthews correlation coefficient，**MCC**）是除了 F1 分數以外，另一種對「二元分類器」的效能進行評估的選擇。一個完美分類器的 MCC 值為 **1**；隨機進行預測的分類器，其 MCC 的分數為 **0**；完全預測錯誤的分類器，其 MCC 分數為 **-1**。即使在「測試資料集」的類別比例非常不平衡的情況下，MCC 分數也非常有用：

```
# In[12]:
from sklearn.metrics import matthews_corrcoef
print('Matthews correlation coefficient: %s' %
matthews_corrcoef(y_test_binarized, predictions_binarized))

# Out[12]:
Matthews correlation coefficient: 0.57735026919
```

scikit-learn 還提供了一個非常有用的函數：classification_report，可以用它來產生精準率、召回率和 F1 分數，如下所示：

```
# In[13]:
from sklearn.metrics import classification_report
print(classification_report(y_test_binarized, predictions_binarized,
target_names=['male'], labels=[1]))

# Out[13]:
          precision recall f1-score support
    male       1.00   0.50     0.67       2
avg / total    1.00   0.50     0.67       2
```

KNN 模型迴歸

現在我們用 KNN 模型進行一個迴歸任務。我們需要使用一個人的「身高」和「性別」來預測其「體重」。下面的兩個表格分別列出了「訓練資料」和「測試資料」：

身高	性別	體重
158cm	男性	64kg
170cm	男性	66kg
183cm	男性	84kg
191cm	男性	80kg
155cm	女性	49kg
163cm	女性	59kg
180cm	女性	67kg
158cm	女性	54kg
178cm	女性	77kg

身高	性別	體重
168cm	男性	65kg
170cm	男性	61kg
160cm	女性	52kg
169cm	女性	67kg

我們將對 KNeighborsRegressor 類別進行「實體化」和「擬合」，並使用它來預測「體重」。在這個資料集當中，「性別」已經被編碼為二元值特徵（binary-valued feature）。請注意，該特徵的取值範圍是 **0** 到 **1**，而表示「身高」的特徵取值範圍是 **155** 到 **191**。我們將在後續討論為什麼這樣的「取值範圍設定」會導致問題，以及如何改善。在披薩價格的問題中，我們使用「決定係數」來評估模型的效能。如下所示，我們將再次使用它來評估「迴歸模型」，並介紹兩個用於評估「迴歸任務」效能的新指標：**平均絕對誤差**（Mean Absolute Error，**MAE**）和**均方誤差**（Mean Squared Error，**MSE**）。

```
# In[1]:
import numpy as np
from sklearn.neighbors import KNeighborsRegressor
from sklearn.metrics import mean_absolute_error, mean_squared_error,
  r2_score

X_train = np.array([
 [158, 1],
 [170, 1],
 [183, 1],
 [191, 1],
 [155, 0],
 [163, 0],
 [180, 0],
 [158, 0],
 [170, 0]
])
y_train = [64, 86, 84, 80, 49, 59, 67, 54, 67]

X_test = np.array([
 [168, 1],
 [180, 1],
 [160, 0],
 [169, 0]
])
y_test = [65, 96, 52, 67]

K= 3
clf = KNeighborsRegressor(n_neighbors=K)
clf.fit(X_train, y_train)
predictions = clf.predict(X_test)
print('Predicted wieghts: %s' % predictions)
print('Coefficient of determination: %s' % r2_score(y_test,
  predictions))
```

```
print('Mean absolute error: %s' % mean_absolute_error(y_test,
    predictions))
print('Mean squared error: %s' % mean_squared_error(y_test,
    predictions))

# Out[1]:
Predicted wieghts: [ 70.66666667  79.         59.         70.66666667]
Coefficient of determination: 0.629056522674
Mean absolute error: 8.33333333333
Mean squared error: 95.8888888889
```

MAE 是預測結果的「絕對誤差值」（absolute values of the errors）的平均值。MAE 的計算方法如下所示：

$$MAE = \frac{1}{n} \sum_{i=0}^{n-1} |y_i - \hat{y}_i|$$

MSE 又被稱為**均方偏差**（Mean Squared Deviation，**MSD**），與「平均絕對誤差」相比，MSE 是一種更常用的指標。如下所示，MSE 是預測結果的「誤差的平方」的平均值：

$$MSE = \frac{1}{n} \sum_{i=0}^{n-1} (y_i - \hat{y}_i)^2$$

對迴歸模型的效能評估指標來說，忽略「誤差」的方向（directions）是非常重要的，否則一個迴歸模型中「正、負方向」的誤差將會相互抵消。MSE 和 MAE 分別透過對「誤差」求「平方」和求「絕對值」，避免了這個問題。對一個「較大的誤差值」求「平方」，會加大它對整體誤差的貢獻比例，因此，與 MAE 相比，MSE 對於「離群值」的懲罰程度較高。該特性對於一些問題來說非常有用。由於 MSE 具有非常有用的「數學」特性，它通常是效能評估指標的最佳首選。請注意，在普通的線性迴歸問題中（如上一章的簡單線性迴歸問題），我們是對 MSE 的平方根（square root）求極小值。

特徵縮放

當特徵有相同的取值範圍時，許多學習演算法將會執行得更好。在前面的小節中，我們使用了兩個特徵：一個「二元值特徵」表示「性別」，另一個「連續值特徵」表示單位為「公分」的身高。假設有一個資料集，該資料集包含身高 170cm 的男性和身高 160cm 的女性。

資料集當中的哪一個實例更接近身高 164cm 的男性呢？對體重預測問題來說，我們可能相信「測試實例」更接近男性實例，因為對預測「體重」來說，「性別差異」可能會比「6cm 的身高差距」更重要。但是如果我們以「公釐」為單位表示身高，「測試實例」更接近於身高 1,600mm 的女性。如果我們以「公尺」為單位表示身高，「測試實例」更接近於身高 1.7m 的男性。如下所示，如果我們以「微米」（micrometer）為單位表示身高，「身高特徵」對「距離函數」結果的貢獻，將會大大增加：

```
# In[2]:
from scipy.spatial.distance import euclidean

# heights in millimeters
X_train = np.array([
 [1700, 1],
 [1600, 0]
])
x_test = np.array([1640, 1]).reshape(1, -1)
print(euclidean(X_train[0, :], x_test))
print(euclidean(X_train[1, :], x_test))

# heights in meters
X_train = np.array([
 [1.7, 1],
 [1.6, 0]
])
x_test = np.array([164, 1]).reshape(1, -1)
print(euclidean(X_train[0, :], x_test))
print(euclidean(X_train[1, :], x_test))

# Out[2]:
8.0
2.2360679775
160.3
160.4031171766933
```

scikit-learn 函式庫中的 StandardScaler 類別是一個用於「特徵縮放」的轉換器，它能夠確保所有的特徵都有「單位變異數」（unit variance）。首先，它將所有「實例特徵值」減去「平均值」，來將其「置中」。其次，將每個「實例特徵值」除以「特徵的標準差」，對其進行「縮放」。平均值為 0，單位變異數為 1 的資料，被稱為**標準化資料**（standardized data）。像 LabelBinarizer 一樣，StandardScaler 類別實作了特徵縮放轉換介面。如下所示，讓我們將上面的迴歸問題特徵做「標準化」處理，再次擬合，並比較前後兩個模型的效能：

```
# In[3]:
from sklearn.preprocessing import StandardScaler
ss = StandardScaler()
X_train_scaled = ss.fit_transform(X_train)

print(X_train)
print(X_train_scaled)

X_test_scaled = ss.transform(X_test)

clf.fit(X_train_scaled, y_train)
predictions = clf.predict(X_test_scaled)
print('Predicted wieghts: %s' % predictions)
print('Coefficient of determination: %s' % r2_score(y_test,
    predictions))
print('Mean absolute error: %s' % mean_absolute_error(y_test,
    predictions))
print('Mean squared error: %s' % mean_squared_error(y_test,
    predictions))

# Out[3]:
[[158     1]
 [170     1]
 [183     1]
 [191     1]
 [155     0]
 [163     0]
 [180     0]
 [158     0]
 [170     0]]
[[-0.9908706    1.11803399]
 [ 0.01869567   1.11803399]
 [ 1.11239246   1.11803399]
 [ 1.78543664   1.11803399]
 [-1.24326216  -0.89442719]
 [-0.57021798  -0.89442719]
```

```
[ 0.86000089 -0.89442719]
[-0.9908706  -0.89442719]
[ 0.01869567 -0.89442719]]
Predicted wieghts: [ 78.          83.33333333    54.
64.33333333]
Coefficient of determination: 0.670642596175
Mean absolute error: 7.58333333333
Mean squared error: 85.1388888889
```

我們的模型在「標準化資料」上效能表現更佳。表示「性別」的特徵對「實例之間的距離計算」貢獻更大，這讓模型能做出更好的預測。

小結

在本章中，我們介紹了 KNN 模型，它是一種可以用於「分類任務」和「迴歸任務」的簡單而強大的模型。KNN 是一種「惰式學習模型」和「非參數模型」。KNN 模型不會從「訓練資料」中估算固定數量的模型參數，它會將所有訓練實例儲存起來，並使用距離「測試實例」最近的實例，去預測「反應變數」。我們解決了一個玩具分類問題和一個迴歸問題，同時還介紹了 scikit-learn 函式庫中的轉換器介面。我們用 LabelBinarizer 類別將「字串標籤」轉換為「二元標籤」，用 StandardScaler 類別將特徵「標準化」。

在下一章中，我們將討論從「分類變數」、「文本」以及「影像」中提取特徵的技術，這些方法能讓我們將「KNN 模型」應用到更多現實世界的問題之中。

4

特徵提取

前幾章的例子使用了「實值解釋變數」（real-valued explanatory variables），例如：披薩的直徑。許多機器學習問題需要從「分類變數」、「文本」或者「影像」中學習。在本章中，我們將學習建立能夠表示這些「變數」（variables）的特徵（features）。

從分類變數中提取特徵

許多問題中的解釋變數是**分類變數（categorical variable）**或者**定類變數／名目變數（nominal variable）**。分類變數的取值範圍是一組固定值。例如：一個預測職位「薪水」的應用程式，可能會使用像是「職位所在的城市」這樣的分類變數。分類變數通常使用 **one-of-k 編碼**（one-of-k encoding）或者**獨熱編碼**（one-hot encoding）進行編碼，因此，將使用一個「二進位特徵」表示「解釋變數」的所有可能值。

舉例來說，假設我們的模型中有一個 city 變數，該變數可以從以下 3 個值當中取值：New York、San Francisco 或 Chapel Hill。獨熱編碼演算法使用每個可能城市的「二元特徵」來表示變數。scikit-learn 函式庫中的 DictVectorizer 類別是一個可以對「分類特徵」（categorical features）進行「獨熱編碼」的「轉換器」，具體用法如下所示：

```
# In[1]:
from sklearn.feature_extraction import DictVectorizer
onehot_encoder = DictVectorizer()
X= [
    {'city': 'New York'},
    {'city': 'San Francisco'},
    {'city': 'Chapel Hill'}
]
print(onehot_encoder.fit_transform(X).toarray())

# Out[1]:
[[ 0.  1.  0.]
 [ 0.  0.  1.]
 [ 1.  0.  0.]]
```

需要注意的是，特徵的順序在「結果向量」中是隨機的。在第 1 個訓練實例中，city 的值是 New York。特徵向量（feature vector）的第 2 個元素代表 New York 值，它等同於第 1 個實例。

將一個「分類解釋變數」（categorical explanatory variable）用單一整數特徵表示，也許會比較符合直覺。例如：New York 可以表示為 0，San Francisco 表示為 1，Chapel Hill 表示為 2。但這種「標記法」卻存在一些問題：若用「整數」表示城市，會對現實中不存在的城市順序進行編碼，同時也會促使模型對城市進行「沒有意義的比較」。沒有什麼自然順序會使 Chapel Hill 的編號比 San Francisco 大 1。「獨熱編碼演算法」避免了這個問題，它只對「變數的值」進行表示。

特徵標準化

在「第 3 章」中，我們學到，當學習演算法使用「標準化資料」進行訓練時，會有更好的效能。回想一下，「標準化資料」有零平均值和單位變異數。有「零平均值」的解釋變數是「置中」的（相對於原點），其平均值為 0。當特徵向量（feature vector）的「所有特徵的變異數」皆處於相同「量級」（order of magnitude）時，則擁有「單位變異數」。如果一個特徵的變異數和其他特徵的變異數的「量級」相差太大，該特徵會控制學習演算法，阻止演算法從其他變數之中學習。當資料沒有「標準化」時，某些學習演算法也會更慢地收斂至「最佳參數值」。除了我們在前一章中使用的 StandardScaler 轉換器之外，prepocessing 模組中的 scale 函數也可以用於單獨對資料集的任何軸進行「標準化」：

```
# In[1]:
from sklearn import preprocessing
import numpy as np
X = np.array([
  [0., 0., 5., 13., 9., 1.],
  [0., 0., 13., 15., 10., 15.],
  [0., 3., 15., 2., 0., 11.]
])
print(preprocessing.scale(X))

# Out[1]:
[[ 0.         -0.70710678 -1.38873015  0.52489066  0.59299945
  -1.35873244]
 [ 0.         -0.70710678  0.46291005  0.87481777  0.81537425
  1.01904933]
 [ 0.          1.41421356  0.9258201  -1.39970842 -1.4083737
  0.33968311]]
```

最後，RobustScaler 是 StandardScaler 之外的另一個選擇，它較不容易受到「離群值」的影響。StandardScaler 會從每個「實例值」上減去「特徵平均值」，然後除以「特徵的標準差」。為了減輕「大離群值」的影響，RobustScaler 會減去「中位數」，然後除以**四分位數間距**（interquartile range）。透過把「排序後的資料集」平分為 4 個等份，來計算四分位數。中位數是第 **2** 個四分位數；四分位數間距是第 **1** 個四分位數和第 **3** 個四分位數的「差值」。

從文本中提取特徵

許多機器學習問題會使用「文本」，「文本」通常表示為「自然語言」（natural language）。「文本」必須轉換成一個向量，以此來將「文本」內容的某些方面進行編碼。在下面的內容中，我們將討論機器學習中最常用的兩種文本表示形式的變體：「詞袋模型」（bag-of-words model）和「字嵌入」（word embedding）。

詞袋模型

詞袋模型（bag-of-words model）是最常用的文本標記法，這種方法使用一個多重集合（multiset，或稱「袋」）對「文本」中出現的「字詞」進行編碼。「詞袋模型」不會編碼任何文本的句法（syntax），同時忽視「字詞」的順序，忽略所有的語法（grammar）。「詞袋模型」可以被看作是「獨熱編碼」的一種擴充，它會對「文本」中關注的每一個「字詞」建立一個特徵。「詞袋模型」的靈感來自這樣的想法：包含類似字詞的文件，經常擁有相似的含義。「詞袋模型」可以有效地用於文件分類和檢索，同時不會受到編碼資訊的限制。一個文件的集合，就是一個**語料庫**（corpus）。讓我們使用一個包含兩個文件的語料庫，來檢驗「詞袋模型」吧：

```
# In[1]:
corpus = [
    'UNC played Duke in basketball',
    'Duke lost the basketball game'
]
```

語料庫包含了 8 個獨特的「字詞」。語料庫中獨特的「字詞」組成了語料庫的**詞彙**（vocabulary）。詞袋模型使用一個特徵向量（feature vector）表示每個文件，其中的每個元素和語料庫詞彙中的一個「字詞」相對應。我們的語料庫包含了 8 個獨特的「字詞」，因此每個文件將由「包含 8 個元素的向量」進行表示。組成一個特徵向量的元素數量稱為**向量的維度**（vector's dimension）。一個字典（dictionary）會把「詞彙」映射到特徵向量的指數（index）。

 詞袋的字典，可以使用 Python 的 Dictionary 來實作，但是「Python 的資料結構」與「詞袋標記法的映射」之間，有明顯的區別。

在最基本的「詞袋表示」當中，特徵向量的每個元素都是一個「二元值」，用來表示對應的「字詞」是否在文件之中出現。例如：第一個文件的第一個字詞是 **UNC**。**UNC** 是字典中的第一個字詞，因此，向量的第 **1** 個元素等於 **1**。字典的最後一個詞是 **game**，第一個文件沒有包含字詞 **game**，因此，其特徵向量的第 **8** 個元素設置為 **0**。CountVectorizer 轉換器可以從一個「字串」或者「檔案」中產生「詞袋表示」。預設情況下，CountVectorizer 把文件中的「字元」（character）轉換為小寫，並

對文件進行「字符化」。**字符化（tokenization）**是一個將「字串」分割為「字符」
（token）或「有意義的字元序列」（meaningful sequences of characters）的過程。
「字符」通常是「字詞」，但是也有可能是「更短的序列」，包括「標點符號」和
「詞綴」。CountVectorizer 使用「正規表示式」（regular expression），將「字
串」用空格分開，並提取長度「大於等於兩個字元」的「字元序列」進行分割。我們
語料庫中的文件，可以表示為以下的特徵向量：

```
# In[2]:
from sklearn.feature_extraction.text import CountVectorizer
vectorizer = CountVectorizer()
print(vectorizer.fit_transform(corpus).todense())
print(vectorizer.vocabulary_)

# Out[2]:
[[1 1 0 1 0 1 0 1]
 [1 1 1 0 1 0 1 0]]
{'played': 5, 'the': 6, 'in': 3, 'lost': 4, 'game': 2, 'basketball': 0,
    'unc': 7,'duke': 1}
```

我們的語料庫現在包含下列 10 個獨特的字詞。請注意，I 和 a 由於並不匹配「正規表
示式」，因此沒有被提取出來。現在，我們向語料庫中增加第 3 個文件，然後檢查詞
彙字典和特徵向量：

```
# In[3]:
corpus.append('I ate a sandwich')
print(vectorizer.fit_transform(corpus).todense())
print(vectorizer.vocabulary_)

# Out[3]:
[[0 1 1 0 1 0 1 0 0 1]
 [0 1 1 1 0 1 0 0 1 0]
 [1 0 0 0 0 0 0 1 0 0]]
{'played': 6, 'the': 8, 'in': 4, 'game': 3, 'lost': 5, 'ate': 0,
   'sandwich': 7,'basketball': 1, 'unc': 9, 'duke': 2}
```

和第 3 個文件相比，前兩個文件的意義更接近。因此，當使用像是**歐幾里德距離**（Euclidean Distance）這樣的指標進行度量時，和第 3 個文件的特徵向量相比，前兩個文件所對應的特徵向量，彼此之間更加類似。兩個向量之間的「歐幾里德距離」，等於兩個向量的「差值」的**歐幾里德範數**（Euclidean norm），或者 **L^2 範數**（L^2 norm），如下所示：

$$d = \left\| x_0 - x_1 \right\|$$

範數（norm）是一個為「向量」賦予「正值尺寸」（positive size）的函數。一個向量的「歐幾里德範數」等於這個向量的**量級**（magnitude），如下所示：

$$\left\| x \right\| = \sqrt{x_1^2 + x_2^2 + \ldots + x_n^2}$$

可以使用 scikit-learn 函式庫的 euclidean_distances 函數，來計算兩個或多個向量之間的「距離」，同時確認「語意最相似的文件」在向量空間之中是最靠近彼此的。在下面的例子中，我們將使用 euclidean_distances 函數對文件進行「特徵向量」比較：

```
# In[4]:
from sklearn.metrics.pairwise import euclidean_distances
X = vectorizer.fit_transform(corpus).todense()
print('Distance between 1st and 2nd documents:',
    euclidean_distances(X[0], X[1]))
print('Distance between 1st and 3rd documents:',
    euclidean_distances(X[0], X[2]))
print('Distance between 2nd and 3rd documents:',
    euclidean_distances(X[1], X[2]))

# Out[4]:
Distance between 1st and 2nd documents: [[ 2.44948974]]
Distance between 1st and 3rd documents: [[ 2.64575131]]
Distance between 2nd and 3rd documents: [[ 2.64575131]]
```

現在假設我們要使用一個包含「新聞文章」的語料庫而不是玩具語料庫。我們的字典現在可能會包含成千上萬個獨特字詞，而非僅僅只有 12 個。代表文章的「特徵向量」將包含成千上萬個元素，其中的許多元素將為 0。大部分的「體育主題」文章中，不會有「金融主題」文章中特有的字詞；許多「文化主題」文章中，不會有「政治主題」文章中特有的字詞。包含許多 0 元素的「高維度度向量」，被稱為**稀疏向量（sparse vectors）**。

使用「高維度度資料」會為所有的機器學習任務帶來一些問題，包括那些不涉及文本的任務，這些問題被統稱為 **維數災難**（curse of dimensionality，又名「維度詛咒」）。第一個問題是：「高維度向量」比「低維度向量」需要更多的記憶體和計算能力。SciPy 函式庫提供了一些資料類型，能夠更有效地表示「稀疏向量」當中的「非零元素」，來緩和這個問題。這二個問題是：隨著特徵空間維度的增加，模型需要更多的「訓練資料」，以確保有足夠多的訓練實例（由「特徵值」組成）。如果缺少了某個特徵的訓練實例，演算法將「過度擬合」訓練資料中的雜訊，無法一般化。在後續的內容中，我們將探討幾種減少文本特徵「維度」的策略。在之後的章節中，我們將會討論更多「降低維度」的技巧。

停用字過濾

降低特徵空間維度的一種基本策略，是將所有的文本轉換為小寫（lowercase）。這是因為字母的大小寫對「字詞」的意思並沒有影響。*sandwich* 和 *Sandwich* 在大部分的上下文中意思相同。大寫開頭也許代表一個「字詞」位於句首，但是「詞袋模型」已經去除了所有來自字詞順序和語法的資訊。

第二個策略是刪除語料庫大部分文件中「經常出現的字詞」。這些「字詞」被稱為 **停用字（stop words）**，經常包括如 the、a 和 an 這樣的限定詞（determiners），如 do、be 和 will 這樣的助動詞（auxiliary verbs），以及像是 on、around 和 beneath 這樣的介系詞（prepositions）。停用字通常是「虛詞」（functional words，又稱「功能詞」），其透過語法（而非本身的意思）來協助文件產生意義。CountVectorizer 可以透過「stop_words 關鍵字參數」來過濾「停用字」，同時本身也包含了一個英語停用字的基本列表。

讓我們使用「停用字」過濾（stop word filtering），為文件重新建立「特徵向量」（feature vectors）：

```
# In[5]:
vectorizer = CountVectorizer(stop_words='english')
print(vectorizer.fit_transform(corpus).todense())
print(vectorizer.vocabulary_)
```

```
# Out[5]:
[[0 1 1 0 0 1 0 1]
 [0 1 1 1 1 0 0 0]
 [1 0 0 0 0 0 1 0]]
{'played': 5, 'game': 3, 'lost': 4, 'ate': 0, 'sandwich': 6,
    'basketball': 1,'unc': 7, 'duke': 2}
```

現在「特徵向量」有更少的維度了,而與第 3 個文件相比,前兩個文件彼此之間仍然更加類似。

詞幹提取和詞形還原

雖然「停用字」過濾對於「維度降低」來說,是一種很簡單的策略,但是大部分的「停用字列表」僅僅包含幾百個字詞。一個巨型的語料庫在過濾之後依然包含了成千上萬個獨特字詞。有兩種能夠進一步減少維度的策略,分別是:**詞幹提取(Stemming)**和**詞形還原(Lemmatization)**。

一個高維度的文件向量,可能會對同一個字詞的「衍生形式」(derived forms)或「詞尾變化形式」(inflected forms)分開編碼。例如:jumping 和 jumps 是字詞 jump 的不同形式。在一個「跳遠主題」文章的語料庫之中,一個文件向量可能會對一個特徵向量中「每個元素的詞尾變化形式」進行編碼。「詞幹提取」和「詞形還原」是兩種策略,它們將同一個字詞的「詞尾變化形式」以及「衍生形式」壓縮成單一特徵。現在,讓我們看看另一個由兩個文件組成的玩具語料庫,如下所示:

```
# In[6]:
corpus = [
    'He ate the sandwiches',
    'Every sandwich was eaten by him'
]
vectorizer = CountVectorizer(binary=True, stop_words='english')
print(vectorizer.fit_transform(corpus).todense())
print(vectorizer.vocabulary_)

# Out[6]:
[[1 0 0 1]
 [0 1 1 0]]
{'ate': 0, 'eaten': 1, 'sandwich': 2, 'sandwiches': 3}
```

兩個文件的意思類似，但是「特徵向量」卻沒有共同的元素。所有文件都包含一個
字詞 ate 的動詞變化和一種形式的字詞 sandwich。理想情況下，這些「相似點」
都應該在「特徵向量」中有所反映。「詞形還原」是一種根據上下文決定「詞目」
（Lemma）或「形態學詞根」（morphological root）的過程。「詞目」是字詞的基
本形式，用於把「字詞」放入一個字典之中。「詞幹提取」和「詞形還原」的目標相
似，但是它不會嘗試產生「字詞」的「形態學詞根」。反之，「詞幹提取」會刪除所
有作為「詞綴」的字元模式，最終產生一個不一定是有效字詞的「字符」。「詞形還
原」經常會需要一個詞彙資源（lexical resource），例如：「WordNet 資料庫」以
及字詞的「詞性」（part of speech）。「詞幹提取演算法」經常使用「規則」（而非
「詞彙資源」）來產生「詞幹」，甚至可以在缺乏上下文的情況下，於任何「字符」
上進行操作。讓我們在兩個文件中觀察對字詞 gathering 做「詞形還原」吧：

```
# In[7]:
corpus = [
    'I am gathering ingredients for the sandwich.',
    'There were many wizards at the gathering.'
]
```

在第一個句子中，gathering 是一個動詞，它的詞目是 gather。在第二個句子中，
gathering 是一個名詞，它的詞目是 gathering。我們將使用 **Natural Language
Tool Kit（NLTK）**對這個「詞袋」進行「詞幹提取」和「詞形還原」。NLTK 的
安裝方法可以參考：http://www.nltk.org/install.html。根據 gathering 的詞性，
NLTK 的 WordNetLemmatizer 類別可以在所有文件中，正確地對「字詞」做「詞形
還原」：

```
# In[8]:
from nltk.stem.wordnet import WordNetLemmatizer
lemmatizer = WordNetLemmatizer()
print(lemmatizer.lemmatize('gathering', 'v'))
print(lemmatizer.lemmatize('gathering', 'n'))

# Out[8]:
gather
gathering
```

讓我們比較「詞形還原」和「詞幹提取」吧。PorterStemmer 類別不會考慮「詞尾變化形式」的詞性，對兩個文件都回傳 gather：

```
# In[9]:
from nltk.stem import PorterStemmer
stemmer = PorterStemmer()
print(stemmer.stem('gathering'))

# Out[9]:
gather
```

現在對我們的玩具語料庫做「詞形還原」：

```
# In[1]:
from nltk import word_tokenize
from nltk.stem import PorterStemmer
from nltk.stem.wordnet import WordNetLemmatizer
from nltk import pos_tag

wordnet_tags = ['n', 'v']
corpus = [
    'He ate the sandwiches',
    'Every sandwich was eaten by him'
]
stemmer = PorterStemmer()
print('Stemmed:', [[stemmer.stem(token) for token in
word_tokenize(document)] for document in corpus])


def lemmatize(token, tag):
    if tag[0].lower() in ['n', 'v']:
        return lemmatizer.lemmatize(token, tag[0].lower())
    return token

lemmatizer = WordNetLemmatizer()
tagged_corpus = [pos_tag(word_tokenize(document)) for document in
    corpus]
print('Lemmatized:', [[lemmatize(token, tag) for token, tag in
    document] for document in tagged_corpus])

# Out[1]:
Stemmed: [['He', 'ate', 'the', 'sandwich'], ['everi', 'sandwich', 'wa',
    'eaten', 'by', 'him']]
Lemmatized: [['He', 'eat', 'the', 'sandwich'], ['Every', 'sandwich',
    'be', 'eat', 'by', 'him']]
```

透過「詞幹提取」和「詞形還原」，我們減少了特徵空間的維度。我們還產出了能夠更有效地編碼「文件的意義」（meanings of the documents）的特徵表示，儘管事實上「語料庫字典」中「字詞」在句子中有不同的「詞尾變化」。

使用 tf-idf 權重擴充詞袋

在前面的小節中，我們使用了「詞袋標記法」來建立特徵向量，無論該字詞是否出現在文件之中，我們都對語料庫字典中的「字詞」進行編碼。這些特徵向量不會編碼「語法」、「字詞順序」或者「詞頻」。直覺上來說，一個字詞在文件中「出現的頻率」，可以代表該文件與字詞的相關程度。某個字詞只出現一次的「長文件」，與同樣的字詞「出現很多次」的文件，兩者相比，它們可能討論的是完全不同的主題。在本節內容中，我們將建立編碼「詞頻」的特徵向量，並討論策略，用來減輕編碼「詞頻」（term frequency）時會產生的兩個問題。我們將使用一個「整數」，來表示「字詞」在文件中出現的次數，而不是使用一個二元值表示特徵向量中的每個元素。透過使用「停用字」過濾，語料庫被表示為以下的特徵向量：

```
# In[1]:
import numpy as np
from sklearn.feature_extraction.text import CountVectorizer

corpus = ['The dog ate a sandwich, the wizard transfigured a sandwich,
    and I ate a sandwich']
vectorizer = CountVectorizer(stop_words='english')
frequencies = np.array(vectorizer.fit_transform(corpus).todense())
[0]
print(frequencies)
print('Token indices %s' % vectorizer.vocabulary_)
for token, index in vectorizer.vocabulary_.items():
    print('The token "%s" appears %s times' % (token,
        frequencies[index]))

# Out[1]:
[2 1 3 1 1]
Token indices {'ate': 0, 'sandwich': 2, 'dog': 1, 'wizard': 4,
    'transfigured': 3}
The token "ate" appears 2 times
The token "sandwich" appears 3 times
The token "dog" appears 1 times
The token "wizard" appears 1 times
The token "transfigured" appears 1 times
```

對應 dog 的元素（索引為 1）現在設置為 **1**；對應 sandwich 的元素（索引為 2）被設置為 **3**，這代表對應的「字詞」分別出現了 **1** 次和 **3** 次。需要注意的是，CountVectorizer 類別的 binary 參數被忽略了，其預設值為 False，這導致它回傳的是「原始詞頻」（而非二元頻數）。在特徵向量中對「原始詞頻」（raw term frequency）進行編碼，可以為「文件的意義」提供額外的資訊，但前提是，需要假設所有文件都有相似的長度。許多字詞也許在兩個文件中「出現的頻數」相同，但是如果其中一個文件的「長度」比另一個大上數倍，兩個文件仍然會有很大的差別。scikit-learn 函式庫的 TfidfTransformer 類別可以透過將「詞頻向量矩陣」（a matrix of term frequency vectors）轉換為一個「常態化詞頻權重矩陣」（a matrix of normalized term frequency weights），來緩和這個問題。預設情況下，TfidfTransformer 類別對「原始頻數」做平滑（smooth）處理，並對其應用 **L**^{2} 常態化（normalization）。平滑化、常態化之後的「詞頻」，可以用以下的公式給出：

$$tf\left(t,d\right) = \frac{f\left(t,d\right)}{\lVert x \rVert}$$

分子表示「字詞」在文件中出現的頻數（frequency）；分母是詞頻向量的 L^2 範數。除了對「原始詞頻」進行常態化之外，我們還可以透過計算詞頻的「對數」（logarithm），將頻數縮放到一個「有限制的範圍」之內，來改善特徵向量。詞頻的對數縮放值（logarithmically scaled term frequencies），由以下公式給出：

$$tf\left(t,d\right) = 1 + \log f\left(t,d\right)$$

當 sublinear_tf 關鍵字參數設置為 True 時，TfidfTransformer 就會計算「詞頻的對數縮放值」。「常態化」以及「對數縮放之後的詞頻」可以代表一個文件中「字詞」出現的頻數，同時也能緩和不同文件大小的影響。然而，這樣的標記法仍然存在另一個問題。特徵向量包含大量在一個文件中「頻繁出現的字詞」的權重，即使這些「字詞」在語料庫中的大部分文件裡都頻繁出現。當需要表示，相對於「語料庫的其餘部分」，這個「特定文件」有何意義時，這些字詞是沒有幫助的。例如，一個關於「杜克大學籃球隊」文章的語料庫，其大部分文件中，可能都包含了 Coach K、trip 和 flop 這樣的字詞。這些字詞可以看作語料庫特有的「停用字」，並且可能對計算文件的「相似性」沒有幫助。**反向文件頻率**（Inverse Document Frequency，**IDF**）是一種衡量一個字詞在語料庫中是否「稀有」或者「常見」的方式。

反向文件頻率可以由以下公式算出：

$$idf(t,D) = \log \frac{N}{1 + |d \in D : t \in d|}$$

分子是語料庫中的文件總數，分母是語料庫中包含該字詞的文件總數。一個字詞的「tf-idf 值」是其「詞頻」和「反向文件頻率」的乘積。當 use_idf 關鍵字參數被設置為其預設值 Ture 的時候，TfidfTransformer 將回傳 tf-idf 權重。由於「tf-idf 權重特徵向量」經常用於表示文本，scikit-learn 函式庫提供了一個 TfidfVectorizer 轉換器類別，它封裝了 CountVectorizer 類別和 TfidfTransformer 類別。讓我們使用 TfidfVectorizer 類別，為語料庫建立「tf-idf 權重特徵向量」（tf-idf weighted feature vectors）：

```
# In[1]:
from sklearn.feature_extraction.text import TfidfVectorizer

corpus = [
    'The dog ate a sandwich and I ate a sandwich',
    'The wizard transfigured a sandwich'
]
vectorizer = TfidfVectorizer(stop_words='english')
print(vectorizer.fit_transform(corpus).todense())

# Out[1]:
[[ 0.75458397  0.37729199  0.53689271  0.          0.          ]
 [ 0.          0.          0.44943642  0.6316672 0.6316672 ]]
```

透過比較「tf-idf 權重」和「原始詞頻」，我們可以看到，語料庫中許多文件中常見的字詞（例如：sandwich），都已經被懲罰（penalized）。

空間有效特徵向量化與雜湊技巧

在本章前面的範例中，都有一個字典，其包含了語料庫中所有的獨特字符；這些字符被用於將「文件中的字符」映射到「特徵向量元素」。然而建立這個字典有兩個缺點。首先，需要遍歷兩次語料庫：第一次遍歷用於建立字典，第二次遍歷用於為文件建立特徵向量。

其次，字典必須儲存在記憶體之中，對於大型語料庫來說，這是很昂貴的。我們可以透過對「字符」使用「雜湊函數」（hash function），直接決定其在特徵向量中的「索引」，來避免建立這個字典。這個捷徑叫作**雜湊技巧（hashing trick）**：

```
# In[1]:
from sklearn.feature_extraction.text import HashingVectorizer

corpus = ['the', 'ate', 'bacon', 'cat']
vectorizer = HashingVectorizer(n_features=6)
print(vectorizer.transform(corpus).todense())

# Out[1]:
[[-1.  0.  0.  0.  0.  0.]
 [ 0.  0.  0.  1.  0.  0.]
 [ 0.  0.  0.  0. -1.  0.]
 [ 0.  1.  0.  0.  0.  0.]]
```

「雜湊技巧」是無狀態的（stateless）。因為「雜湊技巧」不需要初始遍歷語料庫，它能被用於在「平行」和「線上」或者「串流」的應用程式之中建立特徵向量。需要注意的是，n_features 是一個可選關鍵字參數，其預設值 2^{20} 對大多數問題來說已綽綽有餘；它被設置為 6，好讓整個矩陣變得夠小，以便列印出來。還需要注意的是，有一些詞頻為「負數」。由於可能會發生「雜湊衝突」（hash collisions），HashingVectorizer 使用一個「簽名雜湊函數」（signed hash function）。一個特徵的值會採用和其字符雜湊一樣的簽名。如果字詞 **cats** 在一個文件中出現了 **2** 次，其雜湊值決定的索引為 **-3**，那麼該文件特徵向量的第 **4** 個元素值為 **2**（表示字詞 cat 出現的次數）。如果字詞 **dogs** 也出現了 **2** 次，其雜湊值決定的索引為 **3**，那麼特徵向量的第 **4** 個元素值應該增加 **2**。使用「簽名雜湊函數」建立了一種可能性，其雜湊衝突的錯誤能夠相互抵消，而非累計；但僅僅是資訊的遺失，要比「資訊遺失外加資訊偽造」要好得多。使用雜湊技巧的另一個缺點是，由於字典沒有儲存，因此難以檢查產生的模型。

字嵌入

字嵌入（word embeddings）是一種減輕一些詞袋模型缺點的文本標記法。「詞袋模型」使用一個「純量」表示一個「字符」（token），而「字嵌入」則使用一個「向量」。「向量」經常會被壓縮，通常包含 50 到 500 個維度。這些表示「字詞」的「向量」處於一個「度量空間」之中。語義相似的「字詞」所對應的「向量」彼此也很接近。具體來說，字嵌入就是一種參數化的函數，其接受一個來自一些語言的「字符」作為輸入項，並產出一個「向量」。這個函數本質上是一個「字嵌入矩陣」參數化的查閱資料表。那麼這個矩陣是如何學習的呢？

一個「字嵌入函數」的「參數」，通常是透過訓練一個不同任務的模型來學習的。例如：我們考慮訓練一個語言模型，其用於「預測」一個包含了某種語言的 5 個「字詞」的「序列」是否有效。由於我們只關心「字嵌入參數」是如何產生的，我們將在一些有限的細節中描述這個模型和演算法。

我們用於這個任務的資料集，包含了「字詞序列 tuples」和標明序列是否有效的「二元標籤」。可以從大型語料庫中提取「字詞序列」，來產生**正向實例**（positive instances），例如：Google 新聞、維基百科或 Common Crawl 網站。可以使用語料庫中的隨機字詞，來替換正向實例序列中的字詞，就能產生**負向實例**（negative instances）；產生的結果序列可能是無意義的。一個正向實例序列的例子是 the Duke basketball player flopped。一個負向實例的例子是 the Duke basketball player potato。

我們的語言模型有兩個元件。第一個元件本質上是「字嵌入函數」：提供一個「字符」，它能產出一個「向量」。第二個元件是一個用於「預測」5 個向量是否表示一個「有效字符序列」的二元分類器。第一個元件的參數隨機初始化，並隨著分類器的訓練來進行更新。將一個有效序列中的「字詞」替換為一個意思相近的「字詞」可能會產生一個有效的序列。如果『the small cat is grumpy』和『the small kitten is grumpy』都是有效序列，模型可能會把 cat 和 kitten 都表示為相似的向量。將一個有效序列中的「字詞」，用一個不相關的「字詞」取代，可能會產生一個無效序列（an invalid sequence），且學習演算法也需要「更新」字嵌入函數的參數。序列『the small cat was grumpy』和『the small sandwich was grumpy』只有一個字詞不一樣；若分類器把「後者」分類為無效序列，那麼表示 cat 和 sandwich 的向量肯定不

同。透過學習「分類」有效的字符序列，模型建立了能夠對「相似含義的字詞」產出「相似向量」的字嵌入函數。表示同義詞（例如：**small** 和 **tiny**）以及同等字詞（例如：**UNC** 和 **Duke**）的向量應該相似。而表示反義詞（例如：**big** 和 **small**）的向量，應該只在一個或者很少的幾個維度上類似。

同樣地，表示「上義詞」和它們的「下義詞」（例如：color 和 blue，或者 furniture 和 chair）的向量，應該只在幾個很少的維度上有差異。（**編輯注**：「顏色」包含了「藍色」，「家具」包含了「椅子」。「顏色」和「家具」屬於上下義關係的「上層」詞彙，稱為「上義詞」或「上位詞」（hypernym）；「藍色」和「椅子」屬於「下層」詞彙，稱為「下義詞」或「下位詞」（hyponym）。）

假設有一個包含文件『the dog was happy』的語料庫。假設這個語料庫的字詞並不包含字符 puppy 或 sad。當碰到像『the dog was sad』這樣的句子時，一個使用「詞袋表示」的語料庫做訓練的「情感分析模型」將無力處理，而一個在「字嵌入」上訓練的模型，則更具備有效的一般化能力。

讓我們來檢查一些「字嵌入」吧。在一個大型語料庫上訓練一個如範例中的「序列分類器」，將耗費大量的計算能力，但是產生的「字嵌入」可以被應用到許多領域。正因如此，我們經常會使用提前訓練好的「字嵌入」。在本節中，我們將使用在 Google 新聞語料庫上訓練過的 **word2vec 字嵌入**。該語料庫包含超過 1,000 億個字詞，同時「word2vec 字嵌入」也包含了針對超過 300 萬個英語字詞的 300 維向量。我們也將使用 Python 函式庫 gensim 來檢查模型，衡量字詞的相似度，並完成類比。在後面的章節中，我們將使用這些標記法作為特徵向量：

```
# In[1]:
# See https://radimrehurek.com/gensim/install.html for gensim
  installatio instructions
# Download and gunzip the word2vec embeddings from
# https://drive.google.com/file/d/0B7XkCwpI5KDYNlNUTTlSS21pQmM/
edit?usp=sharing
# The 1.5GB compressed file decompresses to 3.4GB.
import gensim

# The model is large; >= 8GB of RAM is required
model = gensim.models.KeyedVectors.load_word2vec_format('./GoogleNews-
  vectors- negative300.bin', binary=True)
```

```
# Let's inspect the embedding for "cat"
embedding = model.word_vec('cat')
print("Dimensions: %s" % embedding.shape)
print(embedding)

# Out[2]:
Dimensions: 300
[ 0.0123291 0.20410156 -0.28515625 0.21679688 0.11816406 0.08300781
 0.04980469 -0.00952148 0.22070312 -0.12597656 0.08056641 -0.5859375
 -0.00445557 -0.296875 -0.01312256 -0.08349609 0.05053711 0.15136719
 -0.44921875 -0.0135498 0.21484375 -0.14746094 0.22460938 -0.125
 -0.09716797 0.24902344 -0.2890625 0.36523438 0.41210938 -0.0859375
 -0.07861328 -0.19726562 -0.09082031 -0.14160156 -0.10253906 0.13085938
 -0.00346375 0.07226562 0.04418945 0.34570312 0.07470703 -0.11230469
 0.06738281 0.11230469 0.01977539 -0.12353516 0.20996094 -0.07226562
 -0.02783203 0.05541992 -0.33398438 0.08544922 0.34375 0.13964844
 0.04931641 -0.13476562 0.16308594 -0.37304688 0.39648438 0.10693359
 0.22167969 0.21289062 -0.08984375 0.20703125 0.08935547 -0.08251953
 0.05957031 0.10205078 -0.19238281 -0.09082031 0.4921875 0.03955078
 -0.07080078 -0.0019989 -0.23046875 0.25585938 0.08984375 -0.10644531
 0.00105286 -0.05883789 0.05102539 -0.0291748 0.19335938 -0.14160156
 -0.33398438 0.08154297 -0.27539062 0.10058594 -0.10449219 -0.12353516
 -0.140625 0.03491211 -0.11767578 -0.1796875 -0.21484375 -0.23828125
 0.08447266 -0.07519531 -0.25976562 -0.21289062 -0.22363281 -0.09716797
 0.11572266 0.15429688 0.07373047 -0.27539062 0.14257812 -0.0201416
 0.10009766 -0.19042969 -0.09375 0.14160156 0.17089844 0.3125
 -0.16699219 -0.08691406 -0.05004883 -0.24902344 -0.20800781 -0.09423828
 -0.12255859 -0.09472656 -0.390625 -0.06640625 -0.31640625 0.10986328
 -0.00156403 0.04345703 0.15625 -0.18945312 -0.03491211 0.03393555
 -0.14453125 0.01611328 -0.14160156 -0.02392578 0.01501465 0.07568359
 0.10742188 0.12695312 0.10693359 -0.01184082 -0.24023438 0.0291748
 0.16210938 0.19921875 -0.28125 0.16699219 -0.11621094 -0.25585938
 0.38671875 -0.06640625 -0.4609375 -0.06176758 -0.14453125 -0.11621094
 0.05688477 0.03588867 -0.10693359 0.18847656 -0.16699219 -0.01794434
 0.10986328 -0.12353516 -0.16308594 -0.14453125 0.12890625 0.11523438
 0.13671875 0.05688477 -0.08105469 -0.06152344 -0.06689453 0.27929688
 -0.19628906 0.07226562 0.12304688 -0.20996094 -0.22070312 0.21386719
 -0.1484375 -0.05932617 0.05224609 0.06445312 -0.02636719 0.13183594
 0.19433594 0.27148438 0.18652344 0.140625 0.06542969 -0.14453125
 0.05029297 0.08837891 0.12255859 0.26757812 0.0534668 -0.32226562
 -0.20703125 0.18164062 0.04418945 -0.22167969 -0.13769531 -0.04174805
 -0.00286865 0.04077148 0.07275391 -0.08300781 0.08398438 -0.3359375
 -0.40039062 0.01757812 -0.18652344 -0.0480957 -0.19140625 0.10107422
 0.09277344 -0.30664062 -0.19921875 -0.0168457 0.12207031 0.14648438
 -0.12890625 -0.23535156 -0.05371094 -0.06640625 0.06884766 -0.03637695
```

```
  0.2109375 -0.06005859 0.19335938 0.05151367 -0.05322266 0.02893066
 -0.27539062 0.08447266 0.328125 0.01818848 0.01495361 0.04711914
  0.37695312 -0.21875 -0.03393555 0.01116943 0.36914062 0.02160645
  0.03466797 0.07275391 0.16015625 -0.16503906 -0.296875 0.15039062
 -0.29101562 0.13964844 0.00448608 0.171875 -0.21972656 0.09326172
 -0.19042969 0.01599121 -0.09228516 0.15722656 -0.14160156 -0.0534668
  0.03613281 0.23632812 -0.15136719 -0.00689697 -0.27148438 -0.07128906
 -0.16503906 0.18457031 -0.08398438 0.18554688 0.11669922 0.02758789
 -0.04760742 0.17871094 0.06542969 -0.03540039 0.22949219 0.02697754
 -0.09765625 0.26953125 0.08349609 -0.13085938 -0.10107422 -0.00738525
  0.07128906 0.14941406 -0.20605469 0.18066406 -0.15820312 0.05932617
  0.28710938 -0.04663086 0.15136719 0.4921875 -0.27539062 0.05615234]
```

```python
# In[2]:
# The vectors for semantically similar words are more similar than the
    vectors for semantically dissimilar words
print(model.similarity('cat', 'dog'))
print(model.similarity('cat', 'sandwich'))
```

```python
# Out[2]:
0.760945708978
0.172112036738
```

```python
# In[3]:
# Puppy is to cat as kitten is to...
print(model.most_similar(positive=['puppy', 'cat'],
negative=['kitten'],
topn=1))
```

```python
# Out[3]:
[(u'dog', 0.7762665152549744)]
```

```python
# In[4]:
# Palette is to painter as saddle is to...
for i in model.most_similar(positive=['saddle', 'painter'], negative=
  ['palette'], topn=3):
    print(i)
```

```python
# Out[4]:
(u'saddles', 0.5282258987426758)
(u'horseman', 0.5179383158683777)
(u'jockey', 0.48861297965049744)
```

從影像中提取特徵

電腦視覺專門研究和設計那些處理和理解「影像」的電腦程式。這些程式有時會使用機器學習。對電腦視覺的概述遠遠超出了本書的範圍,但是在本節內容中,我們將討論一些在電腦視覺中用於機器學習影像表示的基本技巧。

從像素強度中提取特徵

一張數位影像經常是「光柵影像」(raster),或「像素圖」(pixmap),能將「顏色」映射到「網格座標」。也就是說,一幅影像可以被視為一個矩陣,其中每一個元素都表示一種顏色。我們可以為「影像」構造基本的特徵表示(feature representation):透過將矩陣的「列」連接(concatenate)在一起,將矩陣重塑為一個向量。**光學字元辨識**(Optical Character Recognition,**OCR**)是一個典型的機器學習問題。讓我們使用這種技巧建立基本特徵表示,其可用於 OCR 的應用程式當中,識別字元分隔形式的手寫數字。

scikit-learn 函式庫中的 `digits` 資料集包含超過 1,700 個 0 到 9 之間的手寫數字的灰階影像。每張影像一般包含 8 個像素。每個像素使用 0 到 16 之間的強度值（intensity value）來表示：白色為強度最強，表示為 **0**；黑色是強度最弱，表示為 **16**。上圖是一張該資料集當中的手寫數字影像。現在，我們透過把該影像的矩陣改造成一個 64 維的向量，為影像建立一個特徵向量：

```
# In[1]:
from sklearn import datasets

digits = datasets.load_digits()
print('Digit: %s' % digits.target[0])
print(digits.images[0])
print('Feature vector:\n %s' % digits.images[0].reshape(-1, 64))

# Out[1]:
Digit: 0
[[  0.   0.   5.  13.   9.   1.   0.   0.]
 [  0.   0.  13.  15.  10.  15.   5.   0.]
 [  0.   3.  15.   2.   0.  11.   8.   0.]
 [  0.   4.  12.   0.   0.   8.   8.   0.]
 [  0.   5.   8.   0.   0.   9.   8.   0.]
 [  0.   4.  11.   0.   1.  12.   7.   0.]
 [  0.   2.  14.   5.  10.  12.   0.   0.]
 [  0.   0.   6.  13.  10.   0.   0.   0.]]
Feature vector:
[[  0.   0.   5.  13.   9.   1.   0.   0.   0.   0.  13.  15.  10.  15.
    5.   0.   0.   3.  15.   2.   0.  11.   8.   0.   0.   4.  12.   0.
    0.   8.   8.   0.   0.   5.   8.   0.   0.   9.   8.   0.   0.   4.
   11.   0.   1.  12.   7.   0.   0.   2.  14.   5.  10.  12.   0.   0.
    0.   0.   6.  13.  10.   0.   0.   0.]]
```

這種表示方法對於一些基本任務來說，是很有效的，例如：識別列印字元。然而，記錄影像中的每一個像素的強度，會產生巨大的特徵向量。一張小型 100 像素 × 100 像素的灰階影像，將會需要一個 10,000 維的向量，一張 1920 像素 × 1080 像素的灰階影像，需要一個 2,073,600 維度的向量。和我們之前建立的 tf-idf 特徵向量不同，在大多數的問題中，這些向量都不是稀疏的。空間複雜度（space complexity）並不是這種標記法唯一的缺點，從像素（尤其是特定位置的像素）學習，將產生對影像縮放、旋轉和位移變化非常敏感的模型。若我們把「數字 0」在任何方向上平移幾個像素、放大或者旋轉幾度，一個在我們的基本特徵表示上訓練的模型，可能無法識別出相同的數字 0。此外，從像素強度之中學習，本身就具有問題，因為模型對「照明」

（illumination）的變化很敏感。由於這些原因，這種標記法對於涉及「照片」或「其他自然影像」的任務並不十分有效。現代電腦視覺的應用程式，經常需要使用可以應用於許多不同問題的特徵提取方法，或者使用像是**深度學習**（deep learning）這樣的技巧，來自動學習特徵，而無需進行監督式學習。我們將在下一節內容中關注後一種情況。

使用卷積神經網路啟動項作為特徵

近幾年來，**卷積神經網路**（Convolutional Neural Networks，**CNN**）已被成功應用至各式各樣的任務之中，包括電腦視覺任務，如「物件辨識」（object recognition）和「語義分割」（semantic segmentation）。在本節內容中，我們不會討論 CNN 的細節。雖然我們在後續的一個章節中，會討論像是「多層感知器」（multi-layer perceptrons）這樣的一般神經網路，然而，scikit-learn 函式庫卻不適合用於深度學習。

在「字嵌入」小節中，我們之所以關注 CNN，只是想用其提取「特徵」，並用於其他模型。我們將使用 **Caffe** 這個熱門的深度學習函式庫的 Python 綁定（binding），以及一個叫作 **CaffeNet** 的預訓練網路，從影像之中提取特徵。和「字嵌入」模型一樣，我們將使用由另一個任務訓練的模型建立的特徵表示。在本範例中，CaffeNet 被訓練來辨識 1,000 個物件類別，這些類別包括動物、交通工具和日常用品。完整的物件類清單，請見：http://image-net.org/challenges/LSVRC/2014/browse-synsets。我們將使用 CaffeNet 網路第二層到最後一層的啟動項（activations）或者輸出。這個 4,096 維的向量在一個度量空間中表示「影像」，並且能在「影像」平移、旋轉以及亮度變化的情況下保持不變。相似的向量所表示的「影像」應該是語義相似的，即使它們的「像素強度」有所差別。

可以透過這個連結，查看 Caffe 在 Windows、Mac OS 和 Ubuntu 系統下的安裝說明：http://caffe.berkeleyvision.org/installation.html。在這個例子中，我們同時需要 Caffe 和它的 Python 函式庫。把到 caffe/python 目錄的路徑新增至你的 PYTHONPATH 環境變數之中，並按照說明下載 CaffeNet：http://caffe.berkeleyvision.org/gathered/examples/imagenet.html。接下來，讓我們從下圖中提取特徵：

以下的程式碼載入了模型，對「影像」進行了預處理，並透過網路，將「輸出」向前
傳播（propagates the input forward）：

```
# In[1]:
import os
import caffe
import numpy as np
CAFFE_DIR = '/your/path/to/caffe'
MEAN_PATH = os.path.join(CAFFE_DIR,
  'python/caffe/imagenet/ilsvrc_2012_mean.npy')
PROTOTXT_PATH = os.path.join(CAFFE_DIR,
  'models/bvlc_reference_caffenet/deploy.prototxt')
CAFFEMODEL_PATH = os.path.join(CAFFE_DIR,
  'models/bvlc_reference_caffenet/bvlc_reference_caffenet.
caffemodel')
IMAGE_PATH = 'data/zipper-1.jpg'

# 初始化網路
net = caffe.Net(PROTOTXT_PATH, CAFFEMODEL_PATH, caffe.TEST)
# 設置一個轉換器，將輸入影像值縮放至 [0,1]，再減去每個通道像素的平均值，並將通道
轉置到 RGB 顏色空間
# 測試影像和訓練影像，都需要做相同的處理
transformer = caffe.io.Transformer({'data':
  net.blobs['data'].data.shape})
transformer.set_transpose('data', (2, 0, 1))
transformer.set_mean('data', np.load(MEAN_PATH).mean(1).mean(1))
transformer.set_raw_scale('data', 255)
transformer.set_channel_swap('data', (2,1,0))

# 載入一張影像
net.blobs['data'].reshape(1, 3, 227, 227)
```

```
net.blobs['data'].data[0] = transformer.preprocess('data',
    caffe.io.load_image(IMAGE_PATH))

# 向前傳播，並列印出 "fc7" 層的啟動項
net.forward()
features = net.blobs['fc7'].data.reshape(-1,)
print(features.shape)
print(features)

# Out[1]:
(4096,)
[ 0.           0.           0.77542615 ...,  0.          0.          0.
]
```

小結

在本章中，我們討論了「特徵提取」（feature extraction），亦學習建立了一些能用於「機器學習演算法」的資料標記技巧。首先，我們使用「獨熱編碼」和 scikit-learn 函式庫的「DictVectorizer 類別」從「分類解釋變數」建立特徵。我們學習了「資料標準化」，以確保「估計器」能從所有的特徵當中「學習」並儘快「收斂」。

其次，我們從機器學習問題使用的一種最常見類型當中提取「特徵」，這個類型就是「文本」。我們檢視了「詞袋模型」的幾種變體，它拋棄了所有的語法，只對一個文件中「字符出現的頻率」進行編碼。我們首先使用 CountVectorizer 類別建立了基本的二元詞頻。我們學習如何藉由過濾「停用字」以及「詞幹提取」字符，來處理文本，並將特徵向量中的「詞頻」替換為能夠懲罰「常用詞」和對「不同長度的文件」做標準化處理的「tf-idf 權重」。我們接著還討論了「字嵌入」，其使用「向量」而不是「純量」來表示「字詞」。

最後，我們從影像中提取特徵。首先使用「像素強度」的扁平化矩陣，來表示手寫數字影像，接著，我們使用一個預訓練的「CNN 網路的啟動項」作為「低維度的特徵表示」。這些「表示」和影像的平移、旋轉、光照變化無關，並允許模型進行更有效的一般化。我們將在後續章節的例子中使用這些特徵提取技巧。

5

從簡單線性迴歸到
多元線性迴歸

在「第 2 章」中，我們使用「簡單線性迴歸」對一個解釋變數和一個連續反應變數之間的關係進行建模，並使用披薩的直徑去預測其價格。在「第 3 章」中，我們介紹了 KNN，也訓練了使用多個解釋變數進行預測的「分類器」和「迴歸器」。在本章中，我們將討論「多元線性迴歸」（multiple linear regression），它是一種將一個「連續反應變數」在多個特徵上進行「迴歸」的簡單線性迴歸一般化形式。我們首先將分析求解能夠將 RSS 成本函數（cost function）極小化的參數值。然後，我們將介紹一種功能強大的學習演算法，該演算法可以估算「參數值」，這些參數值可以「最小化」各種成本函數；這個演算法被稱為**梯度下降法（gradient descent）**。我們還將討論另一種多元線性迴歸的特殊形式：多項式迴歸（polynomial regression），並了解為何增加模型的「複雜度」，也會增加模型一般化的失敗風險。

多元線性迴歸

之前我們訓練並評價了一個用於預估披薩價格的模型。儘管你非常急切地想要向朋友和同事介紹這個披薩價格預測器，你還是很擔心，這個模型不完美的 R 平方分數（R-squared score）和其預測結果，會讓場面變得有些尷尬。你應該如何改進這個模型呢？

回顧一下你個人吃披薩的經驗吧。從直覺上來說，你可能感覺披薩的其他特徵也與其價格有關。例如：披薩的價格經常由披薩上方配料（toppings）的數量來決定。幸運的是，你的披薩紀錄詳細地描述了其上方配料，讓我們新增「配料的數量」作為第 2 個解釋變數。我們在此不能使用「簡單線性迴歸」進行處理，但是我們可以使用一種稱為 **多元線性迴歸**（multiple linear regression）的簡單線性迴歸的一般化形式，它可以使用多個解釋變數。多元線性迴歸模型如以下公式所示：

$$y = \alpha + \beta_1 x_1 + \beta_2 x_2 + \cdots + \beta_n x_n$$

和「簡單線性迴歸」使用單一解釋變數和單一係數不同，「多元線性迴歸」使用任意數量的解釋變數，每個解釋變數對應一個係數。用於線性迴歸的模型也可以被表示為向量，如下所示：

$$Y = X\beta$$

對於簡單線性迴歸，向量表示法（vector notation）等同於以下公式：

$$
\begin{bmatrix} Y_1 \\ Y_2 \\ \vdots \\ Y_n \end{bmatrix} =
\begin{bmatrix} \alpha + \beta X_1 \\ \alpha + \beta X_2 \\ \vdots \\ \alpha + \beta X_n \end{bmatrix} =
\begin{bmatrix} 1 & X_1 \\ 1 & X_2 \\ \vdots & \vdots \\ 1 & X_n \end{bmatrix} \times
\begin{bmatrix} \alpha \\ \beta \end{bmatrix}
$$

Y 是一個由訓練實例「反應變數」所組成的行向量（column vector）。**β（Beta）** 是一個由「模型參數值」所組成的行向量。**X** 有時也被稱為 **設計矩陣**（design matrix），是一個由訓練實例「解釋變數」所組成的「m × n 的矩陣」。m 是訓練實例的數量，n 是特徵的數量。如下表所示，我們將披薩配料的數量包括進來，更新披薩的訓練資料：

訓練實例	直徑（英寸）	配料數量	價格（美元）
1	6	2	7
2	8	1	9
3	10	0	13
4	14	2	17.5
5	18	0	18

我們也需要更新「測試資料」，來包含第 2 個解釋變數，如下表所示：

測試實例	直徑（英寸）	配料數量	價格（美元）
1	8	2	11
2	9	0	8.5
3	11	2	15
4	16	2	18
5	12	0	11

我們的學習演算法必須估算 3 個參數的值：兩個特徵對應的「係數」和一個「截距項」（intercept term）。儘管有人可能會想要透過在「等式」的每一邊都除以 **X** 來解出 **Beta** 值，但是我們回想一下就會發現，直接除以「一個矩陣」是不可行的。然而，除以一個整數，等同於乘以「同一個整數」的倒數，我們可以透過乘以矩陣 **X** 的「反矩陣」來避免矩陣除法。需要注意的是，只有「方陣」（square matrix）可以求反矩陣（inverse）。矩陣 **X** 並不一定是方陣，而我們也不能用「特徵的數量」來限制「訓練實例的數量」。為了避開這個限制，我們需要將 **X** 乘以其「轉置」（transpose），來產生一個可以求反矩陣的方陣。一個矩陣的轉置是將矩陣的「列」變為「行」、將「行」變為「列」，並用一個上標（superscript）**T** 表示，如下所示：

$$\begin{bmatrix} 1 & 2 & 3 \\ 4 & 5 & 6 \end{bmatrix}^T = \begin{bmatrix} 1 & 4 \\ 2 & 5 \\ 3 & 6 \end{bmatrix}$$

回顧一下，我們的模型如下面的公式所示：

$$Y = X\beta$$

我們可以從訓練資料中獲得 **Y** 和 **X** 的值。我們需要找出能將「成本函數」極小化的 **Beta** 值，並由以下公式求解 **Beta** 值：

$$\beta = (X^T X)^{-1} X^T Y$$

我們可以使用 NumPy 解出 **Beta** 值，如下所示：

```
# In[1]:
from numpy.linalg import inv
from numpy import dot, transpose

X = [[1, 6, 2], [1, 8, 1], [1, 10, 0], [1, 14, 2], [1, 18, 0]]
y = [[7], [9], [13], [17.5], [18]]
print(dot(inv(dot(transpose(X), X)), dot(transpose(X), y)))

# Out[1]:
[[ 1.1875    ]
 [ 1.01041667]
 [ 0.39583333]]
```

NumPy 也提供了一個「最小平方函數」（least squares function），能用它來更簡潔地求解「參數值」：

```
# In[1]:
from numpy.linalg import lstsq

X = [[1, 6, 2], [1, 8, 1], [1, 10, 0], [1, 14, 2], [1, 18, 0]]
y = [[7], [9], [13], [17.5], [18]]
print(lstsq(X, y)[0])

# Out[1]:
[[ 1.1875    ]
 [ 1.01041667]
 [ 0.39583333]]
```

我們使用第 2 個解釋變數來「更新」披薩價格的預測程式碼，並在測試集上和「簡單線性迴歸模型」比較效能：

```
# In[1]:
from sklearn.linear_model import LinearRegression

X = [[6, 2], [8, 1], [10, 0], [14, 2], [18, 0]]
y = [[7], [9], [13], [17.5], [18]]
model = LinearRegression()
model.fit(X, y)
X_test = [[8, 2], [9, 0], [11, 2], [16, 2], [12, 0]]
y_test = [[11], [8.5], [15], [18], [11]]
predictions = model.predict(X_test)
```

```
for i, prediction in enumerate(predictions):
    print('Predicted: %s, Target: %s' % (prediction, y_test[i]))
    print('R-squared: %.2f' % model.score(X_test, y_test))

# Out[1]:
Predicted: [ 10.0625], Target: [11]
R-squared: 0.77
Predicted: [ 10.28125], Target: [8.5]
R-squared: 0.77
Predicted: [ 13.09375], Target: [15]
R-squared: 0.77
Predicted: [ 18.14583333], Target: [18]
R-squared: 0.77
Predicted: [ 13.3125], Target: [11]
R-squared: 0.77
```

很明顯，增加「配料數量」作為「解釋變數」提升了模型的效能。在後面的章節中，我們將討論為什麼在單一測試集上評估模型會產生「不準確」的模型效能預估，以及如何透過在資料的多個「劃分」（partitions）上訓練和測試「資料」，來更加準確地估計模型的效能。然而，就目前而言，我們接受「多元線性迴歸模型」的效能確實優於「簡單線性迴歸模型」這個事實。披薩還有很多「屬性」能夠解釋其價格。在真實世界中，如果這些「解釋變數」和「反應變數」並不是「線性關係」，情況又會是如何呢？在下一節中，我們將檢驗一種能用於對「非線性關係」建模的「多元線性迴歸」的特殊形式。

多項式迴歸

在前面的例子中，我們假設「解釋變數」（explanatory variable）和「反應變數」（response variable）之間的真實關係是線性（linear）的。在本節內容中，我們將使用**多項式迴歸**（polynomial regression）：這是一種「多元線性迴歸」的特殊形式，用於對「反應變數」和「多項式特徵項」之間的關係進行建模。真實世界的曲線關係（curvilinear relationship）透過對特徵做「轉換」來獲得，而這些「特徵」與「多元線性迴歸的特徵」一致。在本節內容中，為了便於視覺化，我們依然只使用「披薩直徑」作為唯一的解釋變數。我們使用以下的資料集，來比較「線性迴歸」和「多項式迴歸」：

訓練實例	直徑（英寸）	價格（美元）
1	6	7
2	8	9
3	10	13
4	14	17.5
5	18	18

測試實例	直徑（英寸）	價格（美元）
1	6	7
2	8	9
3	10	13
4	14	17.5

二次迴歸（quadratic regression），或二階多項式迴歸（regression with a second-order polynomial），如下所示：

$$y = \alpha + \beta_1 x + \beta_2 x^2$$

請注意，我們只使用了一個解釋變數的一個特徵，但是模型現在有 **3** 個參數項而不是兩個。解釋變數進行了轉換，並作為第 3 個項目增加到模型來捕獲曲線關係。同時也需要注意，在向量表示法中，「多項式迴歸的方程式」與「多元線性迴歸的方程式」是一致的。PolynomialFeatures 轉換器可用於為一個「特徵表示」增加「多項式特徵」。讓我們使用這些特徵，來擬合一個模型，並將其與「簡單線性迴歸模型」做比較，如下所示：

```
# In[1]:
import numpy as np
import matplotlib.pyplot as plt
from sklearn.linear_model import LinearRegression
from sklearn.preprocessing import PolynomialFeatures

X_train = [[6], [8], [10], [14], [18]]
y_train = [[7], [9], [13], [17.5], [18]]
X_test = [[6], [8], [11], [16]]
y_test = [[8], [12], [15], [18]]
regressor = LinearRegression()
regressor.fit(X_train, y_train)
```

```
xx = np.linspace(0, 26, 100)
yy = regressor.predict(xx.reshape(xx.shape[0], 1))
plt.plot(xx, yy)
quadratic_featurizer = PolynomialFeatures(degree=2)
X_train_quadratic = quadratic_featurizer.fit_transform(X_train)
X_test_quadratic = quadratic_featurizer.transform(X_test)
regressor_quadratic = LinearRegression()
regressor_quadratic.fit(X_train_quadratic, y_train)
xx_quadratic = quadratic_featurizer.transform(xx.reshape(xx.shape[0],
1))
plt.plot(xx, regressor_quadratic.predict(xx_quadratic), c='r',
linestyle='--')
plt.title('Pizza price regressed on diameter')
plt.xlabel('Diameter in inches')
plt.ylabel('Price in dollars')
plt.axis([0, 25, 0, 25])
plt.grid(True)
plt.scatter(X_train, y_train)
plt.show()
print(X_train)
print(X_train_quadratic)
print(X_test)
print(X_test_quadratic)
print('Simple linear regression r-squared', regressor.score(X_test,
y_test))
print('Quadratic regression r-squared',
  regressor_quadratic.score(X_test_quadratic, y_test))

# Out[1]:
[[6], [8], [10], [14], [18]]
[[   1.    6.    36.]
 [   1.    8.    64.]
 [   1.   10.   100.]
 [   1.   14.   196.]
 [   1.   18.   324.]]
[[6], [8], [11], [16]]
[[   1.    6.    36.]
 [   1.    8.    64.]
 [   1.   11.   121.]
 [   1.   16.   256.]]
('Simple linear regression r-squared', 0.80972679770766498)
('Quadratic regression r-squared', 0.86754436563450898)
```

如下圖所示，「簡單線性迴歸模型」使用實線（solid line）表示，「二元迴歸模型」則使用虛線（dashed line）表示，很明顯地，「二元迴歸模型」更加擬合「訓練資料」：

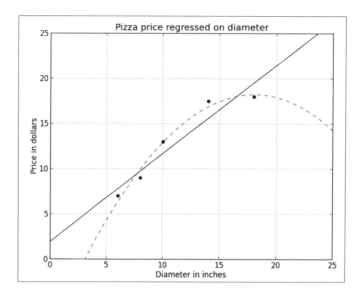

簡單線性迴歸模型的決定係數（R 平方分數）是 **0.81**；二次迴歸模型的決定係數被提升到了 **0.87**。然而，二次迴歸和三次（cubic）迴歸最為常見，我們可以增加任何階「多項式」。下圖繪製了二次迴歸模型與三次迴歸模型：

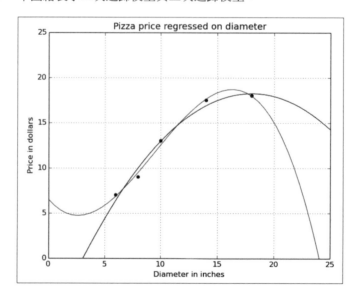

現在，我們來嘗試更高階的多項式。下圖繪製出了一個「9 階多項式」（a ninth-degree polynomial）的「迴歸曲線」（regression curve）：

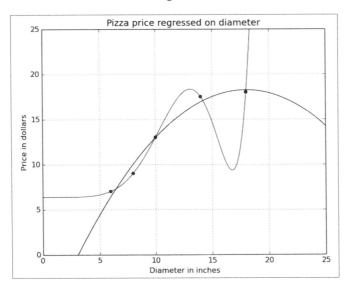

模型幾乎完全準確地擬合了訓練資料！然而，模型在測試資料集上的決定係數為 **-0.09**。我們已經學到，一個「極其複雜的模型」能夠準確擬合「訓練資料」，卻不能逼近（approximate）真實的關係，這個問題稱為**過度擬合（overfitting）**。模型應該匯出一個由「輸入」映射到「輸出」的普遍關係，然而，模型已經對「訓練資料」的「輸入」和「輸出」產生了記憶。這樣的結果就是模型在測試集合上效能很差。這個模型預測一個 16 英寸的披薩價格少於 10 美元，然而一個 18 英寸的披薩價格卻超過 30 美元。這個模型準確地擬合了訓練資料，但是卻沒有學習到「尺寸」和「價格」之間的**真實**關係（real relationship）。

正規化

正規化（Regularization）是技巧的集合，這些技巧能用於防止「過度擬合」。正規化為一個問題增加資訊，通常是用一個對抗「複雜度」的「懲罰項」（penalty）的形式。奧卡姆剃刀理論（Occam's razor）說過，做最少假定的「假設」就是最優的。正因如此，正規化想要找到「最簡單（simplest）的模型」來解釋資料。

scikit-learn 函式庫提供了幾個正規化線性迴歸模型。「脊迴歸」（Ridge Regression）也被稱為 **Tikhonov Regularization**（Tikhonov 正規化），可以懲罰變大的模型參數。「脊迴歸」透過增加係數的 L^2 範數來修改 RSS 成本函數，如以下公式所示：

$$RSS_{\text{ridge}} = \sum_{i=1}^{n} (y_i - x_i^T \beta)^2 + \lambda \sum_{j=1}^{p} \beta_j^2$$

Lambda（λ） 是一個控制「懲罰力度」（strength of the penalty）的超參數。回顧「第 3 章」，超參數是模型控制「學習演算法」如何學習的參數。隨著 **Lambda** 的增加，懲罰力度也增加，成本函數的值也增加。當 **Lambda** 等於 **0** 時，「脊迴歸」等於「線性迴歸」。

scikit-learn 也提供了**最小絕對壓縮挑選機制**（Least Absolute Shrinkage and Selection Operator，**LASSO**）的一種實作。LASSO 演算法透過對「成本函數」增加 L^1 範數來懲罰「係數」，如以下公式所示：

$$RSS_{\text{lasso}} = \sum_{i=1}^{n} (y_i - x_i^T \beta)^2 + \lambda \sum_{j=1}^{p} \beta_j$$

「LASSO 迴歸」產生係數的「參數」，大多數的係數將變為 0，模型將依賴於特徵的一個小型子集。與之相反，「脊迴歸」所產生的模型，其大多數的參數很小，但都非 0。當解釋變數相互關聯時，「LASSO 迴歸」將一個變數的「係數」向 0 進行收縮（shrink），「脊迴歸」則將更一致地對「係數」進行收縮。

最後，scikit-learn 提供了**彈性網**正規化（**Elastic Net** regularization）的一種實作，它是「LASSO 迴歸的 L^1 懲罰項」和「脊迴歸的 L^2 懲罰項」的線性組合。也就是說，「LASSO 迴歸」和「脊迴歸」都是「彈性網方法」的特殊形式，其中 L^1 或者 L^2 懲罰項所對應的「超參數」分別等於 **0**。

應用線性迴歸

我們已經透過一個玩具問題學習了「線性迴歸模型」如何對「解釋變數」和「反應變數」之間的關係進行建模。現在我們將使用一個真實資料集，並將「線性迴歸」應用到一個重要任務之中。假設你身處一個聚會中，並且希望喝到最好的酒。你可以向朋友尋求推薦，但是你懷疑他們可能會不顧「酒的來源」隨便喝。幸運的是，你已經帶了「pH 試紙」和「其他的工具」，來測試各種物理化學屬性。但是畢竟這是一場聚會，這種做法並不實用，因而我們將使用「機器學習」，基於酒本身的「物理化學屬性」（physicochemical attributes）來預測酒的品質。

加州大學機器學習儲存庫（**UCI Machine Learning Repository**）的酒資料集（Wine dataset）包含了 1,599 種不同紅酒的 11 種物理化學屬性，包括「pH 值」和「酒精含量」。每種酒的品質由真人評價來打分數。分數範圍從 0 到 10：**0** 代表品質最差，**10** 代表品質最好。該資料集可以從這裡下載：https://archive.ics.uci.edu/ml/datasets/Wine。我們將把該問題視作一個「迴歸任務」來解決，並在一個或多個「物理化學屬性」上「迴歸」酒的品質。在這個問題中，反應變數只會取 0 到 10 之間的整數，我們可以將這些「值」視作「離散值」，並將該問題視作一個「多類別分類任務」（multi-class classification task）來解決。然而在本章中，我們將假定這些評分都是連續的（continuous）。

探索資料

訓練資料包含以下「解釋變數」：非揮發性酸（fixed acidity）、揮發性酸（volatile acidity）、檸檬酸（citric acid）、剩餘糖分（residual sugar）、氯化物（chlorides）、單體硫（free sulfur dioxide）、總二氧化硫（total sulfur dioxide）、密度（density）、pH 值、硫酸鹽（sulphates）和酒精含量（alcohol content）。理解這些屬性可以為設計模型提供一些見解，對設計「成功的機器學習系統」來說，相關領域的「專家」通常很重要。對於這個例子，沒有必要去解釋這些「物理化學屬性」對酒品質的影響，同時為了簡單起見，解釋變數的單位將會被省略。讓我們檢查訓練資料的一個抽樣吧，如下表所示：

非揮發性酸	揮發性酸	檸檬酸	剩餘糖分	氯化物	單體硫	總二氧化硫	密度	pH 值	硫酸鹽	酒精含量	品質
7.4	0.7	0	1.9	0.076	11	34	0.9978	3.51	0.56	9.45	5
7.8	0.88	0	2.6	0.098	25	67	0.9968	3.2	0.68	9.8	5
7.8	0.76	0.04	2.3	0.092	15	54	0.997	3.26	0.65	9.8	5
11.2	0.28	0.56	1.9	0.075	17	60	0.998	3.16	0.58	9.8	6

scikit-learn 的目標是成為一個建置機器學習系統的工具，和它的套件相比，其探索資料的能力相對較弱。我們將使用 pandas 這個為 Python 編寫的「資料分析函式庫」，來從資料中產出一些「描述統計（descriptive statistics）項目」。我們將使用這些「統計項目」為模型形成一些設計決策。pandas 將 R 語言的一些概念帶入 Python 之中，例如：資料框（dataframe）這種二維的、表格式的（tabular）、異構的（heterogeneous）資料結構。使用 pandas 進行資料分析本身就是幾本書的主題，我們在後面的例子中，只會使用一些基本方法。

首先，我們將載入資料集，並複習幾個針對「變數」的基本概括統計量。資料位於一個 .csv 文件之中。需要注意的是，資料項目由「分號」（而不是逗號）隔開，如下所示：

```
# In[1]:
import pandas as pd

df = pd.read_csv('./winequality-red.csv', sep=';')
df.describe()
```

	fixed acidity	volatile acidity	citric acid	residual sugar	chlorides	free sulfur dioxide	total sulfur dioxide	density	pH	sulphates	alcohol	quality
count	1599.000000	1599.000000	1599.000000	1599.000000	1599.000000	1599.000000	1599.000000	1599.000000	1599.000000	1599.000000	1599.000000	1599.000000
mean	8.319637	0.527821	0.270976	2.538806	0.087467	15.874922	46.467792	0.996747	3.311113	0.658149	10.422986	5.636023
std	1.741096	0.179060	0.194801	1.409928	0.047065	10.460157	32.895324	0.001887	0.154386	0.169507	1.065668	0.807569
min	4.600000	0.120000	0.000000	0.900000	0.012000	1.000000	6.000000	0.990070	2.740000	0.330000	8.400000	3.000000
25%	7.100000	0.390000	0.090000	1.900000	0.070000	7.000000	22.000000	0.995600	3.210000	0.550000	9.500000	5.000000
50%	7.900000	0.520000	0.260000	2.200000	0.079000	14.000000	38.000000	0.996750	3.310000	0.620000	10.200000	6.000000
75%	9.200000	0.640000	0.420000	2.600000	0.090000	21.000000	62.000000	0.997835	3.400000	0.730000	11.100000	6.000000
max	15.900000	1.580000	1.000000	15.500000	0.611000	72.000000	289.000000	1.003690	4.010000	2.000000	14.900000	8.000000

pd.read_csv() 方法是一種能方便地將 .csv 檔載入到一個「資料框」之中的方法。Dataframe.describe() 會計算「資料框」每一行的概括統計量（summary statistic）。前面的程式碼範例僅僅展示了資料框最後 **4** 行的概括統計量。需要注意的是 quality 變數的概括；大多數酒的評分都是 **5** 或者 **6**。將資料進行視覺化可以協助我們發現「反應變數」和「解釋變數」之間是否存在關係。我們使用 matplotlib 來建立一些散佈圖，以下程式碼將產生下方的圖片：

```
# In[2]:
import matplotlib.pylab as plt

plt.scatter(df['alcohol'], df['quality'])
plt.xlabel('Alcohol')
plt.ylabel('Quality')
plt.title('Alcohol Against Quality')
plt.show()
```

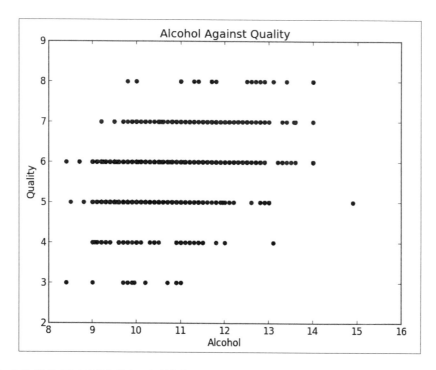

從上方的散佈圖中可以看出，酒精含量（**Alcohol** content）和品質（**Quality**）之間存在「弱正相關」（weak positive）關係，酒精含量高的酒，通常品質也高。

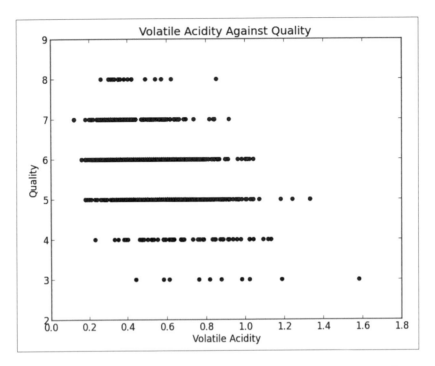

上圖顯示揮發性酸（**Volatile Acidity**）和品質（**Quality**）之間存在「負相關」（negative）關係。這些圖都顯示了「反應變數」依賴於多個「解釋變數」；讓我們使用「多元線性迴歸」來建模。我們該如何決定，哪些解釋變數應該包含到模型之中呢？ Dataframe.corr() 方法計算出一個「相關係數矩陣」，這個「相關係數矩陣」證明了「酒精含量」和「品質」之間有強烈的「正相關」關係，而「揮發性酸」這種能夠讓酒嘗起來像「醋」的屬性和「品質」之間則存在強烈的「負相關」關係。總結起來，我們假設好酒應該有高酒精含量，同時嘗起來不像醋。這個假設似乎是有道理的，儘管這可能暗指「葡萄酒愛好者」可能沒有品出那麼多他們所宣稱的複雜口感。

擬合和評估模型

現在我們將把資料分為「訓練資料」和「測試資料」，訓練迴歸器（regressor）並評估它的預測能力（predictions）：

```
# In[1]:
from sklearn.linear_model import LinearRegression
import pandas as pd
import matplotlib.pylab as plt
from sklearn.model_selection import train_test_split

df = pd.read_csv('./winequality-red.csv', sep=';')
X = df[list(df.columns)[:-1]]
y = df['quality']
X_train, X_test, y_train, y_test = train_test_split(X, y)
regressor = LinearRegression()
regressor.fit(X_train, y_train)
y_predictions = regressor.predict(X_test)
print('R-squared: %s' % regressor.score(X_test, y_test))

# Out[1]:
R-squared: 0.398550890379
```

首先，我們使用 pandas 載入資料，並把「反應變數」和「解釋變數」分隔開來。
接著，我們使用 train_test_split 方法將資料隨機劃分成「訓練集」和「測試
集」。所有資料分割的比例，可以由「關鍵字參數」來指定。例如：25% 的資料被
指定為「測試資料集」。最後，我們訓練模型，並在測試集上評估模型。決定係數是
0.35。如果另外一個 75% 的資料被分割為「訓練集」，效能將會有所改變。我們可
以使用「交叉驗證」，來產生一個對預測器效能的更好的估計。回顧「第 1 章」中的
內容，每一輪「交叉驗證」都將「訓練」和「測試」不同的資料劃分，以減少變化性
（variability）：

```
# In[1]:
import pandas as pd
from sklearn.model_selection import cross_val_score
from sklearn.linear_model import LinearRegression

df = pd.read_csv('./winequality-red.csv', sep=';')
X = df[list(df.columns)[:-1]]
y = df['quality']
regressor = LinearRegression()
scores = cross_val_score(regressor, X, y, cv=5)
print(scores.mean())
print(scores)

# Out[1]:
0.290041628842
[ 0.13200871  0.31858135  0.34955348  0.369145    0.2809196 ]
```

cross_val_score 輔助函數（helper function）允許我們輕鬆地使用「提供的資料」和「估計器」進行交叉驗證。我們使用 cv 關鍵字引數（keyword argument）指定進行「5 折（five-fold）交叉驗證」。也就是說，每一個訓練實例將會隨機地分入 5 個劃分之中；每一個劃分將會被用於訓練和測試模型。cross_val_score 函數回傳每一輪的估計器得分方法值。決定係數的範圍從 0.13 到 0.36，得分的平均值 0.29 與單一訓練／測試所產出的「決定係數」相比，是對「預測器」預測能力更好的估計。

讓我們檢查模型的幾個預測，並將「真實的品質得分」和「預測得分」一起畫在下圖之中：

```
Predicted: 4.89907499467 True: 4
Predicted: 5.60701048317 True: 6
Predicted: 5.92154439575 True: 6
Predicted: 5.54405696963 True: 5
Predicted: 6.07869910663 True: 7
Predicted: 6.036656327 True: 6
Predicted: 6.43923020473 True: 7
Predicted: 5.80270760407 True: 6
Predicted: 5.92425033278 True: 5
Predicted: 5.31809822449 True: 6
Predicted: 6.34837585295 True: 6
```

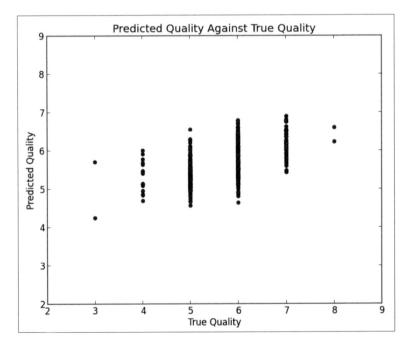

正如你所預期的，一些預測值能準確地匹配「反應變數」的真實值。由於訓練資料中的大部分都是針對「普通酒」，該模型也能較好地預測「普通酒」的品質。

梯度下降法

在本章的例子中，我們使用如下公式，將「成本函數」極小化，來求解模型的參數值：

$$\beta = (X^T X)^{-1} X^T Y$$

回顧一下，**X** 是每個訓練實例的特徵矩陣。**X^{T}X** 的點積結果是一個 n × n 的矩陣，其中 n 是特徵數量。對該方陣求反矩陣的「計算複雜度」接近於特徵數量的 3 次方。儘管在本章的例子中，特徵數量很小，但是對那些我們將在後續章節中遇到的「擁有成千上萬個解釋變數的問題」來說，計算反矩陣（inversion）需要消耗大量的運算能力。另外，如果 **X^{T}X** 的行列式（determinant）為 0，無法對其求反矩陣。在本節中，我們將討論另一種能夠有效估計「模型參數最佳值」的方法，稱為**梯度下降法**（**gradient descent**）。請注意，我們對「擬合優度／適合度」（goodness-of-fit）的定義並沒有改變，我們依然將使用「梯度下降法」來估計出能將「成本函數」極小化的模型參數值。

「梯度下降法」有時會被類比描述為「一個蒙住眼睛的人」試著從山腰上找到通往山谷「最低點」的路。這個人看不見地勢，但是她能夠判斷每一步的陡峭程度。首先她會朝「下降最快的方向」走一步，接著同樣在「下降最快的方向」上走另一步。她的每一步的「跨度」和當前位置地形的「陡峭程度」成比例。當地形很陡峭時她會走「大步」，因為她很確信她依然很接近山頂，並且她不會越過山谷的最低點。當地形變得不那麼陡峭時，她會走「小步」，因為如果她依然走「大步」，她有可能會邁過山谷的最低點。接著，她需要改變方向，再次向山谷的最低點前進。藉由逐漸減少「大步」，她能夠避免在山谷最低點的周圍來回行走。這個蒙著眼睛的人會繼續行走，直到她的下一步無法降低高度，在這個點，她就找到了山谷的底部。

正式地來說,「梯度下降法」是一種用於估計一個函數「局部最小值」（local minimum）的最佳化演算法。回顧一下,在我們的線性迴歸問題中,我們使用了 RSS 成本函數,如以下公式所示:

$$SS_{res} = \sum_{i=1}^{n} (y_i - f(x_i))^2$$

我們可以使用「梯度下降法」,找到能夠使一個包含許多變數的「實值成本函數 C」最小化的參數。「梯度下降法」透過在每一步計算成本函數的「偏導數」（partial derivative）來迭代更新參數。對於這個例子,我們假設 C 是一個包含兩個變數 v_1 和 v_2 的函數。為了使用「梯度下降法」求出 C 的極小值,我們需要在變數上進行一個「微小的變化」,來讓輸出結果產生「微小的變化」。繼續我們蒙住眼睛的人的類比:她每次都需要往「下降最快的方向」上邁出一步,以到達山谷。我們用 Δv_1 表示在 v_1 上的變化,用 Δv_2 表示在 v_2 上的變化。在 v_1 方向上邁出一小步 Δv_1,同時在 v_2 方向上邁出一小步 Δv_2 會導致「C 的值」有一個很小的變化:ΔC。更加正式的表示,我們可以用以下公式來將「C 的變化」與「v_1 和 v_2 的變化」聯繫起來:

$$\Delta C \approx \frac{\partial C}{\partial v_1} \Delta v_1 + \frac{\partial C}{\partial v_2} \Delta v_2$$

$\frac{\partial C}{\partial v_1}$ 是 C 對 v_1 的偏導數。在每一步中,ΔC 應該為**負值**,以減少成本函數。我們該如何選擇 Δv_1 和 Δv_2 呢?為了方便,我們可以用向量形式表示 Δv_1 和 Δv_2,如下所示:

$$\Delta v = \left(\Delta v_1, \Delta v_2 \right)^T$$

我們也可以引入 C 的梯度向量,如下所示:

$$\nabla C = \left(\frac{\partial C}{\partial v_1}, \frac{\partial C}{\partial v_2} \right)^T$$

因此，我們可以將「ΔC 的計算公式」重寫為以下公式：

$$\Delta C = \nabla C \Delta v$$

為了確保 ΔC 為**負**，我們可以設定 Δv 為以下公式：

$$\Delta v = -\eta \nabla C$$

我們將「ΔC 的計算公式」當中的 Δv，用「上面的公式」進行替換，以明確為什麼 ΔC 一定為**負**：

$$\Delta C = -\eta \nabla C \cdot \nabla C$$

∇C 的平方始終**大於 0**。我們為其乘以一個學習速度 η，並將乘積求反（negate the product）。在每一次迭代中，我們將計算 C 的梯度，並從我們的「變數向量」中減去 $\eta \nabla C$，確保在「下降最快的方向」上邁出一步。

需要注意的是，「梯度下降法」是用來估計一個函數的「局部最小值」，這一點是非常重要的。凸成本函數（convex cost functions）有**唯一最小值**。如果一個實值函數圖像上的兩個點之間的「線段」，是在函數圖像之上（above the graph）或者在函數圖像上（on the graph），則這個函數是「**凸函數**」。一個包含所有可能參數值的「凸成本函數」的三維圖像看起來像一個碗，碗的最低點就是最小值。反之，「非凸函數」可以有很多局部最小值。「非凸成本函數值」的圖像包含許多山峰和山谷。「梯度下降法」只能保證找到一個局部最小值：它將找到一個山谷，但並不保證能夠找到最低的山谷。幸運的是，成本函數的「殘差平方和」（residual sum of squares）是凸的。

「梯度下降法」中的一個重要超參數是學習速率（learning rate），它控制著蒙著眼睛的人每一步的大小。如果學習速率足夠小，成本函數將會在每次迭代中減少，直到「梯度下降法」收斂到最佳參數值。然而，當學習速率下降時，「梯度下降法」收斂所需的時間會增加。若蒙著眼睛的人每一步都很小，與每一步都很大的情況相比，她將花費「更長的時間」到達山谷。如果學習速率很大，她將會在山谷的底部來回徘徊，也就是說，「梯度下降法」將會在參數最佳值附近**來回震盪**而無法收斂。

根據每一次訓練迭代中「用來更新模型參數的訓練實例」的數量，有 3 種不同的「梯度下降法」：**批次梯度下降法（batch gradient descent）** 在每次迭代中使用「全部的訓練實例」來更新模型參數。反之，**隨機梯度下降法（stochastic gradient descent）** 在每次迭代中僅僅使用「一個訓練實例」來更新參數。訓練實例的選擇通常是隨機的。這兩種變體都可以看作是**小批次隨機梯度下降法（mini-batch gradient descent）** 的特殊形式，它在每次迭代中總共使用包含數量 b 的小批次訓練實例。

當擁有成百上千甚至更多的訓練實例時，「小批次隨機梯度下降法」或者「隨機梯度下降法」是更好的選擇，因為它們會比「批次梯度下降法」收斂更快。「批次梯度下降法」是一種確定性演算法（deterministic algorithm），對於相同的訓練資料集將產出同樣的參數值。作為一種隨機演算法，「隨機梯度下降法」可以在每次執行時產出不同的參數估計。因為僅僅使用「一個訓練實例」來更新權重，「隨機梯度下降法」可能無法求出「成本函數」以及「梯度下降的極小值」。它的預估通常是足夠接近的，尤其是對於像「殘差平方和」這樣的凸函數。

讓我們借助 scikit-learn 並使用「隨機梯度下降法」來估計一個模型的參數。SGDRegressor 類別是「隨機梯度下降法」的一種實作，它甚至能被用於包含成百上千甚至更多特徵的迴歸問題之中。它能夠被用來最佳化不同的「成本函數」以擬合不同的模型；預設情況下，它會優化 RSS。在這個例子中，我們將使用 13 個特徵來預測房屋價格，如下所示：

```
# In[1]:
import numpy as np
from sklearn.datasets import load_boston
from sklearn.linear_model import SGDRegressor
from sklearn.model_selection import cross_val_score
from sklearn.preprocessing import StandardScaler
from sklearn.model_selection import train_test_split

data = load_boston()
X_train, X_test, y_train, y_test = train_test_split(data.data, data.
target)
```

scikit-learn 提供了 load_boston 函數來方便地載入資料集。首先，我們使用 train_test_split 方法將資料分為訓練集和測試集，同時將「訓練資料」標準化。最後，我們擬合並評估「估測器」（estimator）：

```
# In[2]:
X_scaler = StandardScaler()
y_scaler = StandardScaler()
X_train = X_scaler.fit_transform(X_train)
y_train = y_scaler.fit_transform(y_train.reshape(-1, 1))
X_test = X_scaler.transform(X_test)
y_test = y_scaler.transform(y_test.reshape(-1, 1))
regressor = SGDRegressor(loss='squared_loss')
scores = cross_val_score(regressor, X_train, y_train, cv=5)
print('Cross validation r-squared scores: %s' % scores)
print('Average cross validation r-squared score: %s' %
np.mean(scores))
regressor.fit(X_train, y_train)
print('Test set r-squared score %s' % regressor.score(X_test, y_
test))

# Out[2]:
Cross validation r-squared scores: [ 0.55323539  0.77067053
0.78551352
0.69416906  0.53274918]
Average cross validation r-squared score: 0.667267533715
Test set r-squared score 0.733718249165
```

小結

在本章中，我們介紹了「多元線性迴歸」，它是一種「簡單線性迴歸」的一般化形式，它使用多個變數來預測一個反應變數的值。我們描述了「多項式迴歸」，它是一種可以使用多項式特徵項來對「非線性關係」建模的線性模型。我們介紹了正規化的概念，它可以用於防止模型在訓練資料中記憶「雜訊」。最後，我們介紹了「梯度下降法」，它是一種可擴展的學習演算法，能夠預估使「成本函數」極小化的參數值。

6

從線性迴歸到邏輯斯迴歸

在前面的章節中，我們討論了「簡單線性迴歸」、「多元線性迴歸」和「多項式線性迴歸」。這些模型都是**一般化線性模型**（generalized linear model）的特殊形式；一般化線性模型是一種靈活的框架，與「普通線性迴歸」相比，需要的假設更少。在本章中，我們將討論其中一些假設，這些假設和另一種稱為**邏輯斯迴歸（logistic regression）**的一般化線性模型的特殊形式相互關聯。

和我們之前討論的迴歸模型不同，「邏輯斯迴歸」常用於分類任務（classification tasks）。回顧一下，分類任務的目標是引入一個函數，該函數能將「觀察值」映射到與之相互關聯的「類別」（class）或者「標籤」（label）。一個學習演算法必須使用成對的「特徵向量」和它們對應的「標籤」，來推導出能夠產出最佳分類器的映射函數的「參數值」，並使用一些「效能指標」來進行衡量。在**二元分類問題**（binary classification）中，分類器必須將「實例」分配到兩個類別中的其中一個類別。在多元分類問題（multi-class classification）中，分類器必須為每個實例分配許多「標籤」中的其中之一。在**多標籤分類**（multi-label classification）中，分類器必須將「一組標籤（子集）」分配給每個實例。本章將使用「邏輯斯迴歸」來解決幾個分類問題，討論分類任務的效能評估方式，並應用一些我們在「第 4 章」學到的特徵提取技巧。

使用邏輯斯迴歸進行二元分類

普通的線性迴歸假設「反應變數」符合常態分佈（normally distributed）。**常態分佈（normal distribution）或高斯分佈（Gaussian distribution）**是一個函數，其描述「一個觀察值」對應於「一個位於兩個實數之間的值」的「機率」。常態分佈的資料是對稱的（symmetrical）：一半的值大於平均值，另一半的值小於平均值。常態分佈資料的平均值、中位數和眾數也相等。許多自然現象都近似於常態分佈。例如：人的身高是常態分佈的，大多數的人有平均身高，少數人長得高，少數人長得矮。在一些問題中，「反應變數」不符合常態分佈。例如：投擲一次硬幣會產生兩個結果，正面朝上或者背面朝上。**伯努利分佈（Bernoulli distribution）**描述了一個隨機變數的機率分佈，分為「只能取機率為 **P** 的正向情況」或者「只能取機率為 **1 − P** 的負向情況」。如果「反應變數」代表一個機率，它只能被限制在 **[0, 1]** 之中。線性迴歸假設「一個特徵值的同等變化」將造成「反應變數上的同等變化」，然而如果「反應變數」表示一個機率，則該「假設」不成立。一般化的線性模型透過使用一個「連接函數」（link function）將「特徵的線性組合」和「反應變數」相互關聯，來移除該假設。實際上，我們在「第 2 章」中已經使用了一個「連接函數」，普通的線性迴歸是一般化線性模型的一種特殊形式，它使用「恆等函數」（identity function）將「特徵的線性組合」連接到一個「常態分佈反應變數」。我們可以使用一個不同的「連接函數」來連接「特徵的線性組合」和一個「非常態分佈反應變數」。

在「邏輯斯迴歸」當中，反應變數描述了結果是「正向情況」的機率。如果反應變數等於或者超出了一個鑑別臨界值（discrimination threshold），則被預測為「正向類別」（positive class），否則將被預測為「負向類別」（negative class）。反應變數使用**邏輯斯函數**（logistic function）建模為一個特徵的線性組合函數。如以下公式所示，「邏輯斯函數」總是回傳一個位於 **0** 到 **1** 之間的值：

$$F(t) = \frac{1}{1 + e^{-t}}$$

在公式中，*e* 是一個稱為歐拉數（**Euler's number**）的常數（constant）。它是一個無理數，其開頭的幾個數字是 **2.718**。下圖是「邏輯斯函數」在區間 **[-6, 6]** 之間的圖示：

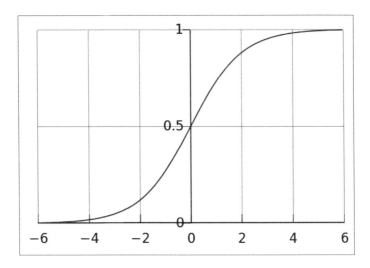

對於「邏輯斯迴歸」，*t* 等於解釋變數的線性組合，如下所示：

$$F(x) = \frac{1}{1 + e^{-(\beta_0 + \beta x)}}$$

對數函數（**logit function**）是邏輯斯函數的逆函數。它將 *F(x)* 反連接到特徵的一個線性組合，如下所示：

$$g(x) = ln\frac{F(x)}{1 - F(x)} = \beta_0 + \beta x$$

模型的參數值可以用許多學習演算法來估計，包括梯度下降法。既然我們已經定義了邏輯斯迴歸的模型，讓我們將其應用於一個二元分類任務吧。

垃圾郵件過濾

我們的第一個任務是現代版的典型二元分類問題：**垃圾郵件過濾**（spam filtering）。然而在我們的版本中，我們將分類「垃圾（spam）簡訊」和「非垃圾（ham）簡訊」，而不是電子郵件。我們將使用前面章節中學到的技巧，從資訊中提取 tf-idf 特徵，並使用「邏輯斯迴歸」對簡訊進行分類。我們將使用來自 UCI 機器學習儲存庫（**UCI Machine Learning Repository**）的 **SMS Spam Collection Data Set**，該資料集可以從這裡下載：http://archive.ics.uci.edu/ml/datasets/SMS+Spam+Collection。首先，讓我們探索該資料集，並使用 pandas 計算一些基本概括統計量：

```
# In[1]:
import pandas as pd
df = pd.read_csv('./SMSSpamCollection', delimiter='t', header=None)
print(df.head())

# Out[1]:
      0                                                    1
0   ham   Go until jurong point, crazy.. Available only ...
1   ham                      Ok lar... Joking wif u oni...
2  spam   Free entry in 2 a wkly comp to win FA Cup fina...
3   ham   U dun say so early hor... U c already then say...
4   ham   Nah I don't think he goes to usf, he lives aro...

# In[2]:
print('Number of spam messages: %s' % df[df[0] == 'spam'][0].count())
print('Number of ham messages: %s' % df[df[0] == 'ham'][0].count())

# Out[2]:
Number of spam messages: 747
Number of ham messages: 4825
```

資料集的每一列由一個二元標籤和一個文本資訊組成。該資料集包含 5574 個實例，其中 4827 條訊息是非垃圾簡訊（ham），剩餘的 747 條資訊是垃圾簡訊（spam）。很顯然地，正向的輸出經常被賦值為 1，負向輸出經常被賦值為 0，但事實上賦值是隨機的。觀察資料也許能透露其他應該被模型捕獲的屬性。以下的資訊集合描述了「垃圾簡訊」和「非垃圾簡訊」的基本特徵：

垃圾簡訊：Free entry in 2 a wkly comp to win FA Cup final tkts 21st
May 2005. Text FA to 87121 to receive entry question(std txt rate)
T&C's apply 08452810075over18's
垃圾簡訊：WINNER!! As a valued network customer you have been selected
to receivea £900 prize reward! To claim call 09061701461. Claim code
KL341. Valid 12 hours only.
非垃圾簡訊：Sorry my roommates took forever, it ok if I come by now ?
非垃圾簡訊：Finished class where are you.

讓我們使用 scikit-learn 的 LogisticRegression 類別來進行一些預測。首先，我們
將資料集分為訓練集和測試集。預設情況下，train_test_split 將 75% 的樣本分為
訓練集，將剩餘的 25% 的樣本分為測試集。接著，我們建立一個 TfidfVectorizer
實例。回顧「第 4 章」的內容，TfidfVectorizer 類別包含 CountVectorizer 和
TfidfTransformer 類別。我們使用訓練訊息文本去擬合它，同時將訓練文本和測試
文本都進行轉換。最後，我們建立一個 LogisticRegression 實例並訓練一個模型。
和 LinearRegression 類別一樣，LogisticRegression 類別也實作了 fit 和
predict 方法。作為完整性檢查，我們將一些人工檢驗的預測結果列印出來，如下所
示：

```
# In[3]:
import numpy as np
import pandas as pd
from sklearn.feature_extraction.text import TfidfVectorizer
from sklearn.linear_model.logistic import LogisticRegression
from sklearn.model_selection import train_test_split, cross_val_score

X = df[1].values
y = df[0].values
X_train_raw, X_test_raw, y_train, y_test = train_test_split(X, y)
vectorizer = TfidfVectorizer()
X_train = vectorizer.fit_transform(X_train_raw)
X_test = vectorizer.transform(X_test_raw)
classifier = LogisticRegression()
classifier.fit(X_train, y_train)
predictions = classifier.predict(X_test)
for i, prediction in enumerate(predictions[:5]):
    print('Predicted: %s, message: %s' % (prediction,
        X_test_raw[i]))
```

```
# Out[3]:
Predicted: ham, message: Now thats going to ruin your thesis!
Predicted: ham, message: Ok...
Predicted: ham, message: Its a part of checking IQ
Predicted: spam, message: Ringtone Club: Gr8 new polys direct to your
mobile every week !
Predicted: ham, message: Talk sexy!! Make new friends or fall in
love in the worlds most discreet text dating service. Just text VIP
to 83110 and see who you could meet.
```

分類器表現得如何呢？我們在線性迴歸中使用的效能指標在該任務中不太適用，我們僅僅關注「預測的類別」是否正確，以及預測結果離「決策邊界」有多遠。在下一小節中，我們將討論可以被用於評估二元分類器的效能指標。

二元分類效能指標

有許多的指標（metrics），能夠基於可信標籤（trusted labels），對二元分類器的效能進行評估。最常用的指標是準確率（accuracy）、精準率（precision）、召回率（recall）、F1 分數／F1 度量（F1 measure）以及 ROC AUC 分數。所有這些衡量方式都是基於「真陽性」、「真陰性」、「假陽性」和「假陰性」的概念。陽性和陰性用來代表「類別」。真和假則用來標示「預測的類別」和「真實的類別」是否相同。

對於我們的垃圾簡訊分類器（SMS spam classifier），當分類器將一條簡訊正確地預測為「垃圾簡訊」時，為「真陽性」。當分類器將一條簡訊正確地預測為「非垃圾簡訊」時，為「真陰性」。當非垃圾簡訊被預測為垃圾簡訊時為「假陽性」，當垃圾簡訊被預測為非垃圾簡訊時為「假陰性」。一個**混淆矩陣**（confusion matrix）或列聯表／假說判斷表（contingency table），可以用來視覺化真假陰陽性。矩陣的「**列**」是實例的**真實**類別，矩陣的「**行**」是實例的**預測**類別：

```
# In[4]:
from sklearn.metrics import confusion_matrix
import matplotlib.pyplot as plt

y_test = [0, 0, 0, 0, 0, 1, 1, 1, 1, 1]
y_pred = [0, 1, 0, 0, 0, 0, 0, 1, 1, 1]
```

```
confusion_matrix = confusion_matrix(y_test, y_pred)
print(confusion_matrix)
plt.matshow(confusion_matrix)
plt.title('Confusion matrix')
plt.colorbar()
plt.ylabel('True label')
plt.xlabel('Predicted label')
plt.show()

# Out[4]:
[[4 1]
 [2 3]]
```

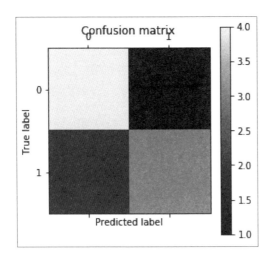

如上圖所示，「混淆矩陣」表示有4個真陰性預測、3個真陽性預測、2個假陰性預測，和1個假陽性預測。在「多元分類問題」中很難去決定出現錯誤最多的類型，此時「混淆矩陣」變得非常有用。

準確率

我們記得「準確率」是用來評估分類器預測正確的比例。LogisticRegression.score 方法使用「準確率」，為一個測試集的標籤進行「預測」和「打分數」。讓我們評估分類器的準確率吧：

```
# In[1]:
import numpy as np
import pandas as pd
from sklearn.feature_extraction.text import TfidfVectorizer
from sklearn.linear_model.logistic import LogisticRegression
from sklearn.model_selection import train_test_split, cross_val_score
from sklearn.metrics import roc_curve, auc
import matplotlib.pyplot as plt

df = pd.read_csv('./sms.csv')
X_train_raw, X_test_raw, y_train, y_test =
  train_test_split(df['message'],
  df['label'], random_state=11)
vectorizer = TfidfVectorizer()
X_train = vectorizer.fit_transform(X_train_raw)
X_test = vectorizer.transform(X_test_raw)
classifier = LogisticRegression()
classifier.fit(X_train, y_train)
scores = cross_val_score(classifier, X_train, y_train, cv=5)
print('Accuracies: %s' % scores)
print('Mean accuracy: %s' % np.mean(scores))

# Out[1]:
Accuracies: [ 0.95221027  0.95454545  0.96172249  0.96052632
0.95209581]
Mean accuracy: 0.956220068309
```

雖然「準確率」衡量了分類器的整體正確性，它並不能區分「假陽性錯誤」和「假陰性錯誤」。比起「假陰性錯誤」，一些應用程式可能對「假陽性錯誤」更敏感，或反之亦然。另外，如果類別的比例在總樣本中呈「偏態（skewed）分佈」，準確率並不是一個很有效的評估指標。例如：比起「假陽性」，一個用來預測信用卡交易是否為欺詐的分類器對「假陰性」更加敏感。為了提升顧客的滿意度，信用卡公司更願意冒險「驗證」交易是否合法，而非冒險去「忽略」一個欺詐交易。因為大多數的交易是合法的，對於該問題，可以說「準確率」並不是一種有效的評估指標。一個總是會預測交易為合法的分類器，其「準確率」很高，但是可能並不是很有用。基於這些原因，分類器經常使用「精準率」和「召回率」來進行衡量。

精準率和召回率

回顧一下，「精準率」是陽性預測結果為「正確」的比例。在我們的垃圾簡訊分類器中，「精準率」表示被分類為垃圾簡訊的簡訊「實際上為垃圾簡訊」的比例。召回率表示「真實的陽性實例」被分類器「辨認」出來的比例，在醫學領域有時也被稱為敏感性／靈敏度（sensitivity）。召回率為 1 表示分類器沒有做出任何假陰性預測。對於我們的垃圾簡訊分類器來說，召回率是「真實的垃圾簡訊」被分類為垃圾簡訊的比例。

單獨來看，精準率和召回率並沒有意義，它們都是關於分類器「效能」的不完整視角。精準率和召回率都無法區分「效能良好的分類器」和「效能很差的特定種類的分類器」。一個普通的分類器可以透過把每一個實例都預測為「陽性」，來達到完美的召回率。例如：假設一個測試集包含 10 個陽性實例和 10 個陰性實例。一個分類器如果將每一個實例都預測為「陽性」，召回率將達到 1。一個分類器如果將所有實例都預測為「陰性」，或者只做假陽性和真陰性預測，召回率將為 0。同樣地，一個分類器如果只預測一個實例為「陽性」，而該預測恰好正確，分類器將達到完美的「精準率」。讓我們計算垃圾簡訊分類器的「精準率」和「召回率」吧：

```
# In[2]:
precisions = cross_val_score(classifier, X_train, y_train, cv=5,
  scoring='precision')
print('Precision: %s' % np.mean(precisions))
recalls = cross_val_score(classifier, X_train, y_train, cv=5,
  scoring='recall')
print('Recall: %s' % np.mean(recalls))

# Out[2]:
Precision: 0.992542742398
Recall: 0.683605030275
```

我們的分類器的精準率為 0.992，幾乎所有被預測為垃圾簡訊的訊息，**實際上**都是垃圾簡訊。它的召回率很低，這代表有**接近 32%** 的垃圾簡訊被預測為非垃圾簡訊。

計算 F1 度量

F1 度量（F1 measure）是精準率和召回率的「調和平均值」（harmonic mean）。F1 度量會對「精準率」和「召回率」不平衡的分類器進行懲罰，例如：總是預測陽性類別的普通分類器。一個達到完美「精準率」和「召回率」模型的 F1 分數為 **1**。一個達到完美「精準率」而「召回率為 0」的模型，其 F1 分數為 **0**。讓我們計算分類器的 F1 分數：

```
# In[3]:
f1s = cross_val_score(classifier, X_train, y_train, cv=5,
  scoring='f1')
print('F1 score: %s' % np.mean(f1s))

# Out[3]:
F1 score: 0.809067846627
```

模型有時會使用 **F0.5 分數**和 **F2 分數**來評估效能，這兩種分數分別偏向「精準率」和「召回率」。

ROC AUC

「接收操作特徵」（Receiver Operating Characteristic，**ROC**）曲線，可以對一個分類器的效能進行視覺化。和準確率不同，ROC 曲線對「類別分佈不平衡」的資料集不敏感。和精準率、召回率不同，ROC 曲線顯示了分類器對所有「鑑別臨界值」的效能。ROC 曲線描繪了分類器「召回率」和「Fall-out（誤警率）」之間的關係。**Fall-out** 或假陽性率，是「假陽性數量」除以「所有陰性數量」的值，其定義如下所示：

$$F = \frac{FP}{TN + FP}$$

AUC 是 ROC 曲線以下的面積；它將 ROC 曲線歸納為一個用來標示分類器預計效能的值。下圖中的虛線表示一個分類器對「類別」隨機進行預測；**它的 AUC 值為 0.5**。實線曲線則表示一個「效能」優於「隨機猜測」的分類器：

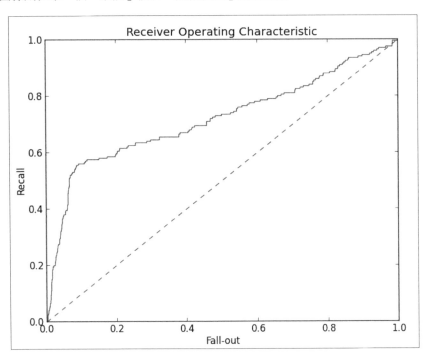

讓我們繪製垃圾簡訊分類器的 ROC 曲線：

```
# In[5]:
predictions = classifier.predict_proba(X_test)
false_positive_rate, recall, thresholds = roc_curve(y_test,
  predictions[:, 1])
roc_auc = auc(false_positive_rate, recall)
plt.title('Receiver Operating Characteristic')
plt.plot(false_positive_rate, recall, 'b', label='AUC = %0.2f' %
  roc_auc)
plt.legend(loc='lower right')
plt.plot([0, 1], [0, 1], 'r--')
plt.xlim([0.0, 1.0])
plt.ylim([0.0, 1.0])
plt.ylabel('Recall')
plt.xlabel('Fall-out')
plt.show()
```

從下圖中可以明顯地看到「分類器效能」是優於「隨機猜測」的；圖中幾乎所有的區域都位於曲線**下方**：

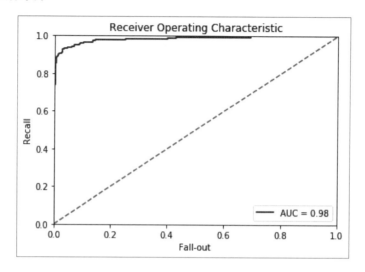

使用網格搜尋微調模型

回顧「第 3 章」的內容，模型的超參數是學習演算法無法估計的參數。例如：我們的「邏輯斯迴歸簡訊分類器」的超參數，包括了「正規項」（regularization term）的值，以及用於「移除」出現頻率過高或者過低的字詞的臨界值。在 scikit-learn 當中，超參數是透過「估計器」和「轉換器」的建構子（constructors）來設置的。在前面的例子中，我們沒有設置 LogisticRegression 類別的任何引數（arguments），對於所有的超參數，我們都使用了預設值。這些預設值通常會是一個良好的開端，但它們並不會產出「最佳模型」。**網格搜尋（grid search）**是一種常用方法，能夠選擇產出「最佳模型」的超參數值。網格搜尋為「每一個應該被微調的超參數」取一組可能的值（集合），並評估在「這些集合的笛卡爾乘積（Cartesian product）」的每一個元素上訓練的模型。也就是說，網格搜尋是一種窮舉搜尋（exhaustive search），它在指定超參數值的「每一種可能的組合」上，對模型進行「訓練」和「評估」。網格搜尋的一個缺點是，即便是小型的超參數集合，都會耗費大量的計算能力。幸運的是，它是一個平行問題；由於過程之間沒有同步化（synchronization），多個模型可以同時進行訓練和評估。讓我們使用 scikit-learn 的 GridSearchCV，找出較好的超參數

值。GridSearchCV 類別接受一個估計器、一個參數空間和一個效能評估指標。n_jobs 參數標明了同步工作的最大數量；將 n_jobs 設置為 -1，代表使用所有的 CPU 核心。需要注意的是，為了產生額外的過程，必須在 Python 的主模組當中呼叫 fit 方法：

```python
# In[1]:
import pandas as pd
from sklearn.preprocessing import LabelEncoder
from sklearn.feature_extraction.text import TfidfVectorizer
from sklearn.linear_model.logistic import LogisticRegression
from sklearn.grid_search import GridSearchCV
from sklearn.pipeline import Pipeline
from sklearn.model_selection import train_test_split
from sklearn.metrics import precision_score, recall_score,
  accuracy_score

pipeline = Pipeline([
    ('vect', TfidfVectorizer(stop_words='english')),
    ('clf', LogisticRegression())
])
parameters = {
    'vect__max_df': (0.25, 0.5, 0.75),
    'vect__stop_words': ('english', None),
    'vect__max_features': (2500, 5000, 10000, None),
    'vect__ngram_range': ((1, 1), (1, 2)),
    'vect__use_idf': (True, False),
    'vect__norm': ('l1', 'l2'),
    'clf__penalty': ('l1', 'l2'),
    'clf__C': (0.01, 0.1, 1, 10),
}

df = pd.read_csv('./SMSSpamCollection', delimiter='t',
  header=None)
X = df[1].values
y = df[0].values
label_encoder = LabelEncoder()
y = label_encoder.fit_transform(y)
X_train, X_test, y_train, y_test = train_test_split(X, y)

grid_search = GridSearchCV(pipeline, parameters, n_jobs=-1,
    verbose=1, scoring='accuracy', cv=3)
grid_search.fit(X_train, y_train)
print('Best score: %0.3f' % grid_search.best_score_)
print('Best parameters set:')
best_parameters = grid_search.best_estimator_.get_params()
for param_name in sorted(parameters.keys()):
```

```
        print ('t%s: %r' % (param_name, best_parameters[param_name]))
        predictions = grid_search.predict(X_test)
        print ('Accuracy:', accuracy_score(y_test, predictions))
        print ('Precision:', precision_score(y_test, predictions))
        print ('Recall:', recall_score(y_test, predictions))


# Out[1]:
Fitting 3 folds for each of 576 candidates, totalling 1728
fits[Parallel(n_jobs=-1)]: Done   42 tasks      | elapsed:     4.5s
[Parallel(n_jobs=-1)]: Done 192 tasks      | elapsed:    23.5s
[Parallel(n_jobs=-1)]: Done 442 tasks      | elapsed:    57.2s
[Parallel(n_jobs=-1)]: Done 792 tasks      | elapsed:    1.8min
[Parallel(n_jobs=-1)]: Done 1242 tasks     | elapsed:    2.9min
[Parallel(n_jobs=-1)]: Done 1728 out of 1728 | elapsed:  6.0min
finished
Best score: 0.983
Best parameters set:
   clf__C: 10
        clf__penalty: 'l2'
        vect__max_df: 0.25
        vect__max_features: 5000
  vect__ngram_range: (1, 2)
 vect__stop_words: None
    vect__use_idf: True
Accuracy: 0.983488872936
Precision: 0.99375
Recall: 0.878453038674
```

對超參數值進行最佳化，提高了模型在測試集上的召回率。

多元分類

在前幾節的內容中，我們學習使用「邏輯斯迴歸」進行二元分類。然而，在許多分類問題中，類別常常多於兩類。我們也許希望從音訊的樣本預測歌曲的分類，或透過星系圖片對星系的種類進行分類。多元分類問題的目標是將一個實例分配到類別集合中的某一個。scikit-learn 使用一種被稱作一**對全**（one-versus-all，**OvA**）或一**對餘**（one-versus-the-rest，**OvR**）的策略，來支援多元分類。「一對全分類」對每一個可能的類別使用一個二元分類器。實例會被分配至被預測為最有可能的類別。LogisticRegression 類別本身就能使用「一對全策略」支援多元分類。讓我們使用 LogisticRegression 類別處理一個多元分類問題吧。

假設你想要觀看一部電影，但是你對爛片有一種強烈的厭惡感。為了協助你做決定，你可以閱讀你正在考慮的這些電影的評論，但不幸的是你不喜歡閱讀影評。那就讓我們使用 scikit-learn 找出評價良好的電影吧。

在這個例子中，我們將對影評短語（phrase）的情緒做分類，這些影評取自爛番茄（Rotten Tomatoes）資料庫。每一個短語將被分類為以下幾種情緒：負向（negative）、略負向（somewhat negative）、中立（neutral）、略正向（somewhat positive）、正向（positive）。雖然類別已被排序，但是由於諷刺性語言（Sarcasm）、否定（Negation）和其他語言現象的存在，我們將使用的解釋變數，並不總是能夠確證該次序。反之，我們將該問題視作一個多元分類問題。資料可以從這裡下載：http://www.kaggle.com/c/sentiment-analysis-on-movie-reviews/data。首先，我們使用 pandas 探索該資料集。資料集的「行」使用定位點字元分隔（tab-delimited）。資料集包含 156060 個實例：

```
# In[1]:
import pandas as pd
df = pd.read_csv('./train.tsv', header=0, delimiter='t')
print(df.count())

# Out[1]:
PhraseId      156060
SentenceId    156060
Phrase        156060
Sentiment     156060
dtype: int64

# In[2]:
print(df.head())

# Out[2]:
   PhraseId  SentenceId                                             Phrase
0         1           1  A series of escapades demonstrating the adage ...
1         2           1  A series of escapades demonstrating the adage ...
2         3           1                                           A series
3         4           1                                                  A
4         5           1                                             series

   Sentiment
0          1
1          2
2          2
3          2
4          2
```

Sentiment 行包含反應變數。標籤 0 對應「負向」情緒，1 對應「略負向」，以此類推。Phrase 行包含原始文本。來自電影評論的每一個句子已經被解析為短語。在這個例子中，我們不需要 PhraseId 行和 SentenceId 行。讓我們列印一些短語，並對其進行檢驗：

```
# In[3]:
print(df['Phrase'].head(10))

# Out[3]:
0    A series of escapades demonstrating the adage ...
1    A series of escapades demonstrating the adage ...
2                                          A series
3                                                 A
4                                            series
5    of escapades demonstrating the adage that what...
6                                                of
7    escapades demonstrating the adage that what is...
8                                         escapades
9    demonstrating the adage that what is good for ...
Name: Phrase, dtype: object
```

現在讓我們檢驗目標類別：

```
# In[4]:
print(df['Sentiment'].describe())

# Out[4]:
count    156060.000000
mean          2.063578
std           0.893832
min           0.000000
25%           2.000000
50%           2.000000
75%           3.000000
max           4.000000
Name: Sentiment, dtype: float64
```

```
# In[5]:
print(df['Sentiment'].value_counts())

# Out[5]:
2    79582
3    32927
1    27273
4     9206
0     7072
Name: Sentiment, dtype: int64

# In[6]:
print(df['Sentiment'].value_counts()/df['Sentiment'].count())

# Out[6]:
2    0.509945
3    0.210989
1    0.174760
4    0.058990
0    0.045316
Name: Sentiment, dtype: float64
```

最常見的「中立」類別 Neutral 包含超過 **50%** 的實例。如果一個很差的分類器將所有實例都預測為「中立」類別 Neutral，準確率將接近 0.5，因此對該問題來說，準確率並不是一個很有效的效能評估方式。接近四分之一的影評是「正向」或者「略正向」，接近五分之一的影評是「負向」或者「略負向」。讓我們使用 scikit-learn 函式庫訓練一個分類器：

```
# In[7]:
from sklearn.feature_extraction.text import TfidfVectorizer
from sklearn.linear_model.logistic import LogisticRegression
from sklearn.model_selection import train_test_split
from sklearn.metrics import classification_report, accuracy_score,
    confusion_matrix
from sklearn.pipeline import Pipeline
from sklearn.model_selection import GridSearchCV

df = pd.read_csv('./train.tsv', header=0, delimiter='t')
X, y = df['Phrase'], df['Sentiment'].as_matrix()
X_train, X_test, y_train, y_test = train_test_split(X, y,
    train_size=0.5)
grid_search = main(X_train, y_train)
pipeline = Pipeline([
    ('vect', TfidfVectorizer(stop_words='english')),
```

```
    ('clf', LogisticRegression())
])
parameters = {
    'vect__max_df': (0.25, 0.5),
    'vect__ngram_range': ((1, 1), (1, 2)),
    'vect__use_idf': (True, False),
    'clf__C': (0.1, 1, 10),
}
grid_search = GridSearchCV(pipeline, parameters, n_jobs=-1,
  verbose=1, scoring='accuracy')
grid_search.fit(X_train, y_train)
print('Best score: %0.3f' % grid_search.best_score_)
print('Best parameters set:')
best_parameters = grid_search.best_estimator_.get_params()
for param_name in sorted(parameters.keys()):
 print('t%s: %r' % (param_name, best_parameters[param_name]))

# Out[7]:
Fitting 3 folds for each of 24 candidates, totalling 72 fits
[Parallel(n_jobs=-1)]: Done  42 tasks      | elapsed:  1.6min
[Parallel(n_jobs=-1)]: Done  72 out of  72 | elapsed:  3.5min
finished
Best score: 0.621
Best parameters set:
tclf__C: 10
tvect__max_df: 0.25
tvect__ngram_range: (1, 2)
tvect__use_idf: False
```

多元分類效能評估指標

和二元分類一樣，混淆矩陣在視覺化「分類器的錯誤」時非常有用。可以針對每個類別計算精準率、召回率和 F1 分數，也可以計算所有預測的準確率。我們來評估分類器的預測情況：

```
# In[8]:
predictions = grid_search.predict(X_test)
print('Accuracy: %s' % accuracy_score(y_test, predictions))
print('Confusion Matrix:')
print(confusion_matrix(y_test, predictions))
print('Classification Report:')
print(classification_report(y_test, predictions))
```

```
# Out[8]:
Accuracy: 0.636255286428
Confusion Matrix:
[[ 1124   1725    628     65     10]
 [  923   6049   6132    583     34]
 [  197   3131  32658   3640    137]
 [   15    398   6530   8234   1301]
 [    3     43    530   2358   1582]]
Classification Report:
             precision    recall  f1-score   support

          0       0.50      0.32      0.39      3552
          1       0.53      0.44      0.48     13721
          2       0.70      0.82      0.76     39763
          3       0.55      0.50      0.53     16478
          4       0.52      0.35      0.42      4516

avg / total       0.62      0.64      0.62     78030
```

首先，我們使用網格搜尋中發現的「最佳參數集」進行預測。雖然與基準分類器相比，我們的分類器效能有提升，但是它經常會把「略正向」類別與「略負向」類別錯誤地預測為「中立」類別 Neutral。

多標籤分類和問題轉換

在前面的幾個小節中，我們討論了二元分類，其中每個實例必須分配給兩個類別中的其中一個類別；我們也討論了多元分類，其中每個實例必須分配給一個類別集合中的一個類別。我們將討論的最後一種分類問題，即**多標籤分類**（multi-label classification），其中每個實例可以被分配給類別集合中的一個子集。多標籤分類的例子包括替論壇中的訊息分配標籤，以及對一張影像中的物件進行分類。對於多標籤分類問題，有兩種解決方法。

問題轉換方法（problem transformation）是一種將「原始的多標籤問題」轉換為「一系列單一標籤分類問題」的技巧。我們將探討的第一種「問題轉換方法」，是將訓練資料中出現的「每個標籤集」轉換為「**單一標籤**」。讓我們用一個多標籤分類問題來說明：「新聞文章」必須被分配至一個集合中的一個或多個類別（categories）。下表的訓練資料包含了「7 篇文章」，分別屬於「5 個類別」中的一個或多個類別：

Instance	Local	US	Business	Science and Technology	Sports
1	✓	✓			
2	✓		✓		
3			✓	✓	
4					✓
5	✓				
6			✓		
7		✓		✓	

使用訓練資料標籤的冪集（power set），將該問題轉換為「單一標籤分類任務」，可以得到下表中的訓練資料。在上表中，第一個實例被分類為 **Local**（本地新聞）和 **US**（美國新聞），而現在它只有一個標籤：**Local** ∧ **US**。

Instance	Local	Local ∧ US	Business	Local ∧ Business	US ∧ Science and Technology	Business ∧ Science and Technology	Sports
1		✓					
2				✓			
3						✓	
4							✓
5	✓						
6			✓				
7				✓			

包含 5 個類別的多標籤分類問題，現在是一個包含 7 個類別的多元分類問題了。雖然將問題進行冪集轉換非常直觀，增加類別的數量通常卻不具有可行性。該轉換即使面對很少的幾個訓練實例，也會產出很多新標籤。另外，訓練的分類器只能預測訓練資料中包含的標籤組合。

第二種問題轉換策略，是對「訓練集」中的「每一個標籤」訓練一個**二元分類器**（binary classifier）。每一個分類器預測實例是否屬於某個標籤。針對我們的例子，需要 5 個二元分類器：第一個二元分類器將預測一個實例是否被分類為 **Local**，第二個二元分類器將預測一個實例是否被分類為 **US**，以此類推。最終的預測結果是所有二元分類器預測結果的聯集（union）。轉換後的訓練資料如下面幾張表格所示。這種「問題轉換方法」確保了單一標籤問題和多標籤問題都擁有「相同數量」的訓練實例，但是卻忽略了標籤之間的關係：

Instance	Local	¬Local		Instance	Business	¬Business
1	✓			1		✓
2	✓			2	✓	
3		✓		3	✓	
4		✓		4		✓
5	✓			5		✓
6		✓		6	✓	
7		✓		7		✓

Instance	Sci. and Tech.	¬Sci. and Tech.		Instance	Sports	¬Sports
1		✓		1		✓
2		✓		2		✓
3	✓			3		✓
4		✓		4	✓	
5		✓		5		✓
6		✓		6		✓
7	✓			7		✓

Instance	US	¬US
1	✓	
2	✓	
3		✓
4		✓
5		✓
6		✓
7	✓	

多標籤分類效能評估指標

多標籤分類問題必須使用不同於單一標籤分類問題的效能評估指標。兩個最常見的效能評估指標分別是 **Hamming loss**（漢明損失）和 **Jaccard similarity**（傑卡德相似係數）。Hamming loss 是不正確標籤的平均比例。需要注意的是，Hamming loss 是一種損失函數，其完美得分是 **0**。Jaccard similarity 也被稱作 Jaccard index（傑卡德指數），是預測標籤和真實標籤「交集」（intersection）的數量除以預測標籤和真實標籤「聯集」（union）的數量，取值範圍是 0 到 1，1 是完美得分。Jaccard similarity 的計算公式如下所示：

$$J(Predicted, True) = \frac{|Predicted \cap True|}{|Predicted \cup True|}$$

```
# In[1]:
import numpy as np
from sklearn.metrics import hamming_loss, jaccard_similarity_score

print(hamming_loss(np.array([[0.0, 1.0], [1.0, 1.0]]),
    np.array([[0.0, 1.0],
    [1.0, 1.0]])))

# Out[1]:
0.0

# In[2]:
print(hamming_loss(np.array([[0.0, 1.0], [1.0, 1.0]]),
    np.array([[1.0, 1.0],
    [1.0, 1.0]])))

# Out[2]:
0.25

# In[3]:
print(hamming_loss(np.array([[0.0, 1.0], [1.0, 1.0]]),
    np.array([[1.0, 1.0],
    [0.0, 1.0]])))

# Out[3]:
0.5

# In[4]:
print(jaccard_similarity_score(np.array([[0.0, 1.0], [1.0, 1.0]]),
    np.array([[0.0, 1.0], [1.0, 1.0]])))

# Out[4]:
1.0

# In[5]:
print(jaccard_similarity_score(np.array([[0.0, 1.0], [1.0, 1.0]]),
    np.array([[1.0, 1.0], [1.0, 1.0]])))

# Out[5]:
0.75

# In[6]:
print(jaccard_similarity_score(np.array([[0.0, 1.0], [1.0, 1.0]]),
    np.array([[1.0, 1.0], [0.0, 1.0]])))

# Out[6]:
0.5
```

小結

在本章中，我們討論了一般化的線性模型，它們擴展了普通線性迴歸來支援「非常態分佈」反應變數。一般化的線性模型使用一個「連接函數」來聯繫「解釋變數的線性組合」和「反應變數」。和一般的線性迴歸不同，其模型關係並不一定是線性的。特別是我們檢驗了「邏輯連接函數」，它是一個 S 型函數（sigmoid function），給定任何實數值，它都會回傳一個 **0** 到 **1** 之間的值。

我們討論了邏輯斯迴歸，它是一種使用「邏輯連接函數」來聯繫「解釋變數」和「一個伯努利分佈的反應變數」的一般化線性模型。邏輯斯迴歸可以被用於二元分類任務，其每個實例必須分配給兩個類別中的一個類別。我們使用邏輯斯迴歸對垃圾簡訊和非垃圾簡訊進行分類。接著，我們討論了多元分類任務，其每個實例必須分配給一個標籤集之中的一個標籤。我們使用「一對全」策略對影評的情緒進行分類。最後，我們討論了多標籤分類，其中的每個實例都必須分配給一個標籤集之中的一個子集。

7

單純貝氏

在前面的章節中，我們介紹了用於分類任務的兩種模型：K 最近鄰演算法（**KNN**）和**邏輯斯迴歸**。在本章中，我們將介紹分類演算法的另一個成員：**單純貝氏（Naive Bayes）**。其名字來自「貝氏定理」和一個單純的假設：所有的特徵在條件上都相互獨立於其他給定的反應變數。單純貝氏是我們將要討論到第一個生成模型（generative model）。首先，我們將介紹「貝氏定理」。接著，我們將比較生成模型和判別模型（discriminative model）。我們將討論「單純貝氏」和它的假設，並檢視它常用的各種方法。最後，我們將使用 scikit-learn 擬合一個模型。

貝氏定理

貝氏定理（Bayes' theorem）是一個公式，其使用相關條件的先前知識，來計算一個事件的機率。該定理由英國統計學家兼牧師 Thomas Bayes 於 18 世紀發現。Thomas Bayes 從未出版過他的作品；他的手稿由數學家 Richard Price 編輯出版。貝氏定理如下所示：

$$P(A \mid B) = \frac{P(B \mid A) P(A)}{P(B)}$$

A 和 B 代表事件；$P(A)$ 是觀察到事件 A 的機率，$P(B)$ 是觀察到事件 B 的機率。$P(A|B)$ 是在觀察到事件 B 的同時又觀察到事件 A 的條件機率（conditional probability）。在分類任務中，我們的目標是將「解釋變數」的特徵映射到一個離散的反應變數上；而對於給定的特徵 B，我們必須找出最可能的標籤 A。

一個定理（theorem）是被證明為真的數學描述，基於公理（axioms）和其他的定理。

讓我們來看一個例子。假設一個病人表現出一種特定疾病的症狀，而一位醫生對於該疾病進行了一項檢測。這個檢測有 **99%** 的召回率和 **98%** 的特異度。**特異度（Specificity）** 用來評估「真陰性」比例，或者說「真正的陰性實例」被預測為「陰性」的比例。特異度和召回率經常被用來評估醫學檢測。在此處，召回率有時被稱為**敏感性／靈敏度（sensitivity）**。回顧前面的章節內容，99% 的召回率意味著「99% 真正患病的病人」被預測為「罹患該疾病」。98% 的特異度意味著「98% 真正沒有患病的病人」被預測為「沒有罹患該疾病」。我們同時假設該疾病很罕見，總人口中患有該疾病的人僅僅占 **0.2%**。如果一個病人的檢測結果是陽性，那麼他確實患有該疾病的「機率」有多大呢？假如給定一個陽性檢測結果 B，病人患有該疾病的條件機率 A 是多少？

如果我們知道 $P(A)$、$P(B)$ 以及 $P(B|A)$ 的值，我們可以使用「貝氏定理」來解決該問題。$P(A)$ 是患有該病的機率，我們已經知道該值為 **0.2%**。$P(B|A)$（或給定陽性測試結果的前提下，病人患有該病的機率）是檢測的召回率 **0.99**。我們最後需要的是 $P(B)$，即一個陽性檢測結果的機率。其值等於真陽性和假陽性結果的機率之「和」，如下所示。**需要注意的是**，「$not-Disease$」是一個單獨的值，而不是「not（未）」和「$Disease$（患病）」兩者的差值：

$$P(Positive) = P(Positive | Disease)P(Disease) + P(Positive | not - Disease)P(not - Disease)$$

罹患該病的病人被檢測為「陽性」的機率等於「檢測的召回率 **0.99**」。第一項機率的結果為「檢測的召回率」和「患有該病的機率 **0.002**」的乘積。不患有該病的病人被檢測為「陽性」的機率是「檢測的特異度的補數（complement）」或者 **0.02**。第二項機率的結果為「檢測的特異度的補數 **0.02**」和「患有該疾病機率的補餘 **0.998**」的乘積，如下所示：

$$P(Positive) = 0.99 \times 0.002 + 0.02 \times 0.998 = 0.022$$

用我們的事件重寫後的貝氏定理如下所示：

$$P(Disease \mid Positive) = \frac{P(Positive \mid Disease)P(Disease)}{P(Positive \mid Disease)P(Disease) + P(Positive \mid not-Disease)P(not-Disease)}$$

我們已經算出了公式中所有的項目值，現在我們可以算出給定陽性檢測結果患有該病的條件機率，如下所示：

$$P(Disease \mid Positive) = \frac{0.99 \times 0.002}{0.99 \times 0.002 + 0.02 \times 0.998} = 0.09$$

檢測結果為陽性的病人「真正」患有該病的機率**少於 10%**，該結果似乎是不正確的。檢測的召回率和特異度分別為 **99%** 和 **98%**；被檢測為陽性的病人不太可能患有該疾病，這並不太符合直覺。雖然該項檢測的特異度和召回率很接近，但是因為罹患該病的機率非常小，因此「假陽性」要比「假陰性」更常見。在 1,000 個病人中，我們只預期有 **2** 人患有該病。根據 **99%** 的召回率，我們應該預期該項檢測能正確的探測出這兩名病人。然而，我們也應該預期到，該項檢測會「錯誤的預測」另外大約 20 個病人患有該疾病。**22** 個陽性預測當中，僅僅有 **9%** 的比例是**真陽性**。

生成模型和判別模型

在分類任務中，我們的目標是學習一個模型的參數，使其能夠最佳地將「解釋變數的特徵」映射到「反應變數」。我們在前面章節中討論的所有分類器，都是**判別模型**（discriminative model），它學習一個「決策邊界」，好對「類別」（class）進行判別。像「邏輯斯迴歸」這樣的「機率判別模型」（probabilistic discriminative models），會學習估計條件機率 $P(y|x)$。「機率判別模型」會根據給定的輸入值去估計最有可能的類別。而像 KNN 這樣的「非機率判別模型」（non-probabilistic discriminative models），會直接把「特徵」映射到「類別」。

生成模型（generative model）不會直接學習一個決策邊界。反之，生成模型對「特徵」和「類別」的聯合（joint）機率分佈 $P(y, x)$ 進行建模。這等同於對「類別的機率」和「在給定類別的情況下，特徵的機率」進行建模。也就是說，生成機率對「類別」如何生成特徵進行建模。貝氏定理可以應用於「生成模型」，估計在給定特徵的情況下，一個類別的條件機率。

如果在分類任務中，我們的機率是把「特徵」映射到「類別」，那麼為什麼要使用一種「一定需要一個中間步驟」的方法呢？為什麼要選擇一個生成模型，而不是一個判別模型呢？其中一個原因在於「生成模型」可以被用於生成「新的資料實例」。更重要的是，因為生成模型對「類別」如何生成資料進行建模，與判別模型相比，生成模型有更大的「偏誤」。這個中間步驟對模型引入了更多的假設。在這些假設的前提下，生成模型可以更穩健地「擾亂」訓練資料，而與判別模型相比，生成模型在訓練資料很「缺乏」時的效能更佳。生成模型的缺點是，這些假設可能會阻止生成模型進行學習，而隨著「訓練實例數量」的增加，判別模型的效能會優於生成模型。

單純貝氏

在本章的第一節中，我們描述了貝氏定理。回顧貝氏定理的定義如下：

$$P(A \mid B) = \frac{P(B \mid A)P(A)}{P(B)}$$

讓我們將貝氏定理重寫為（對一個分類任務來說）更自然的形式：

$$P(y \mid x_1, \ldots, x_n) = \frac{P(x_1, \ldots, x_n \mid y)P(y)}{P(x_1, \ldots, x_n)}$$

在上面的公式中，y 代表正向類別，x_1 是實例的第一個特徵，n 是特徵的數量。$P(B)$ 對於所有輸入來說是一個常數，因為在「訓練資料集」中觀察到一個特定特徵的機率，對於不同的測試實例來說，並不會有所不同，因此我們可以忽略。這裡出現了兩個項目：「先驗類別機率（prior class probability）」$P(y)$ 以及「條件機率（conditional probability）」$P(x_1, \ldots, x_{n \mid y})$。單純貝氏透過極大化一個「後驗估計」（posteriori estimation）來估計這兩個項目。$P(y)$ 是訓練集中每一個「類別」出現的頻率。對於分類特徵，$P(x_i \mid y)$ 僅是屬於該「類別」的訓練實例中特徵的頻率，它透過以下的公式來估計：

$$\hat{P}(x_i \mid y_i) = \frac{N_{x_i, y_j}}{N_{y_j}}$$

上面公式中的分子是特徵出現在 y_j 類別訓練實例中的次數，分母是類別 y_j 中所有特徵出現的總頻率。單純貝氏透過「最大機率」預測類別，如下所示：

$$\hat{y} = \text{argmax}_y P\left(y\right)\prod_{i=1}^{n} P\left(x_i \mid y\right)$$

需要注意的是，即使一個單純貝氏分類器表現很好，估計的類別機率的準確率也會很低。單純貝氏的各種方法，它們最有可能的不同之處，在於對分佈 $P(x_i|y)$ 的假設，因此他們能夠學習的特徵類型也有所不同。我們已經討論過的**多項式單純貝氏（multinomial Naive Bayes）**適合分類特徵（categorical features）。我們的「詞頻特徵」（term frequency features）將語料庫中的每一個「字符」（token）都表示為一個分類變數（categorical variable）。**高斯單純貝氏（Gaussian Naive Bayes）**適合連續特徵（continuous features），它假設對於每個類別來說，每個特徵都符合常態分佈（normally distributed）。**伯努利單純貝氏（Bernoulli Naive Bayes）**適合所有特徵均為二元值的情形。scikit-learn 的 GaussianNB、BernoulliNB 和MultinomialNB 類別實作了這些不同的方法。

單純貝氏的假設

該模型被稱之為單純（**Naive**）是因為它假設對「反應變數」來說所有的特徵都條件獨立（conditionally independent）：

$$P\left(x_i \mid y\right) = P\left(x_i \mid y, x_j\right)$$

需要注意的是，該假設不等同於所有的特徵相互獨立，如下所示：

$$P\left(x_i\right) = P\left(x_i \mid x_j\right)$$

該獨立假設很少為真。然而，即便在該假設不成立的情況下，單純貝氏可以有效地判別線性可分類別，且當缺乏訓練資料時，其效能通常優於判別模型。除了效能良好之外，單純貝氏模型一般很快，同時也易於實作。因為這些原因，它被廣泛地使用。

考慮一個對新聞網站文章做分類的任務。對於一篇文章，我們的目標是將它分配到一個報紙版塊（newspaper section）之中，例如：國際政治、美國政治、科學與科技，或是體育。「單純貝氏假設」（Naive Bayes assumption）的意思是，知道某一篇文章屬於體育版，以及知道這篇文章包含『basketball（籃球）』這個字詞，並不會影響你對文章中是否出現『Warriors（勇士）』或『UNC』的看法。這個假設在這個任務中並不成立；當我們知道一篇文章來自「體育版」以及它包含了字詞『basketball』時，這應該能讓我們相信，文章可能會包含『UNC』、『NCAA』和『Michael Jordan（麥可·喬丹）』等字詞，且文章中可能不會包含不相關的字詞，例如：『sandwich（三明治）』或『meteor（流星）』。知道一篇文章屬於體育版，以及文章中包含了『Duke（杜克）』，應該能讓我們相信，文章可能會包含『trip（出腳絆倒）』和『flop（過氣）』等字詞。雖然「單純貝氏的假設」很少成立，但「假設」是必需的。沒有這些假設，模型可能會包含不切實際的參數數量，此外，「假設」也讓直接從「訓練資料」中估計「類別條件機率」（class conditional probabilities）成為可能。

單純貝氏也假設訓練實例**獨立且同分佈**（independent and identically distributed，通常縮寫為 **i.i.d.**），這意味著訓練實例相互獨立，並且來自同一個機率分佈。重複拋一個硬幣會產生 i.i.d. 樣本；每次翻轉著陸的可能性都相同，任何翻轉的結果都不依賴於其他翻轉的結果。和條件獨立假設（conditional independence assumption）不同，此假設必須成立，以確保單純貝氏表現良好。

在 scikit-learn 中使用單純貝氏

讓我們使用 scikit-leaen 擬合一個單純貝氏分類器。我們將在兩個樣本數逐漸增大的不同訓練集上比較「單純貝氏分類器」和「邏輯斯迴歸分類器」的效能。威斯康辛乳癌資料集（Breast Cancer Wisconsin dataset）包含了從「乳房腫瘤」的「細針抽吸」影像當中所提取出來的特徵，該項任務是使用每個細針抽吸影像中 **30** 個描述「細胞核」的實值特徵，來將「腫瘤」分類為惡性或者良性。該資料集包含了 **212** 個惡性實例和 **357** 個良性實例。皮馬印第安人糖尿病資料集任務（Pima Indians Diabetes Database task）則使用了 **8** 個特徵表示，這些特徵包括懷孕次數、口服葡萄糖耐量試驗、舒張壓、三頭肌皮脂厚度、身體質量指數（BMI）、年齡和其他診斷，以此來預測一個人是否患有糖尿病。該資料集包含 **268** 個糖尿病實例和 **500** 個非糖尿病實例：

```
# In[1]:
%matplotlib inline

# In[2]:
import pandas as pd
from sklearn.datasets import load_breast_cancer
from sklearn.linear_model import LogisticRegression
from sklearn.naive_bayes import GaussianNB
from sklearn.model_selection import train_test_split
import matplotlib.pyplot as plt

X, y = load_breast_cancer(return_X_y=True)
X_train, X_test, y_train, y_test = train_test_split(X, y, stratify=y,
  test_size=0.2, random_state=31)

lr = LogisticRegression()
nb = GaussianNB()

lr_scores = []
nb_scores = []

train_sizes = range(10, len(X_train), 25)

for train_size in train_sizes:
    X_slice, _, y_slice, _ = train_test_split(
    X_train, y_train, train_size=train_size, stratify=y_train,
random_state=31)
    nb.fit(X_slice, y_slice)
    nb_scores.append(nb.score(X_test, y_test))
    lr.fit(X_slice, y_slice)
    lr_scores.append(lr.score(X_test, y_test))

plt.plot(train_sizes, nb_scores, label='Naïve Bayes')
plt.plot(train_sizes, lr_scores, linestyle='--', label='Logistic
Regression')
plt.title("Naïve Bayes and Logistic Regression Accuracies")
plt.xlabel("Number of training instances")
plt.ylabel("Test set accuracy")
plt.legend()

# Out[2]:
<matplotlib.legend.Legend at 0x7ff86c658668>
```

我們首先從「威斯康辛乳癌資料集」開始。魔法命令（magic command）%matplotlib inline 允許我們直接在 notebook 中繪圖並展示。首先我們使用 scikit-learn 的 load_breast_cancer 便捷函數載入資料。接著，我們使用 train_test_split 便捷函數將 **20%** 的實例分為「測試集」。stratify=y 指定「訓練集」和「測試集」應該有相同比例的正向實例和負向實例。當類別不平衡（imbalanced）時，這是非常重要的，這是因為，如果隨機均勻採樣實例，可能會導致「訓練集」和「測試集」中的「少數（minority）類別實例」過少。我們將使用這個「測試集」評估模型。我們再次使用 train_test_split 方法對剩餘的實例進行多次逐漸增大的劃分，並使用它們去訓練 LogisticRegression 和 GaussianNB 分類器。最後，我們繪製出分類器的得分。

在小型資料集上，「單純貝氏分類器」的效能通常比「邏輯斯迴歸」分類器還要好。單純貝氏更容易產生「偏誤」，這可以防止其擬合雜訊。然而，「偏誤」也會阻礙模型在大資料集上進行學習。在這個例子中，「單純貝氏分類器」的效能在一開始是優於「邏輯斯迴歸分類器」的，但是當「訓練集」的數量增加時，「邏輯斯迴歸分類器」的效能則逐漸提升，如下圖所示。

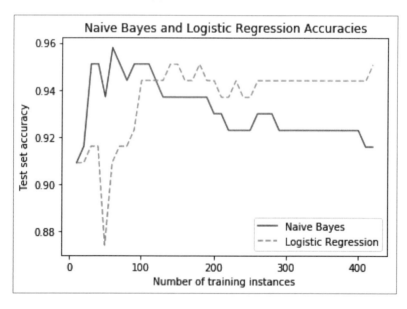

現在讓我們在「皮馬印第安人糖尿病資料集」上比較「邏輯斯迴歸」分類器和「單純貝氏」分類器的效能：

```
# In[3]:
df = pd.read_csv('./pima-indians-diabetes.data', header=None)
y = df[8]
X = df[[0, 1, 2, 3, 4, 5, 6, 7]]
X_train, X_test, y_train, y_test = train_test_split(X, y, stratify=y,
    random_state=11)

lr = LogisticRegression()
nb = GaussianNB()
lr_scores = []
nb_scores = []

train_sizes = range(10, len(X_train), 10)
for train_size in train_sizes:
    X_slice, _, y_slice, _ = train_test_split(
        X_train, y_train, train_size=train_size, stratify=y_train,
            random_state=11)
    nb.fit(X_slice, y_slice)
    nb_scores.append(nb.score(X_test, y_test))
    lr.fit(X_slice, y_slice)
    lr_scores.append(lr.score(X_test, y_test))

plt.plot(train_sizes, nb_scores, label='Naïve Bayes')
plt.plot(train_sizes, lr_scores, linestyle='--', label='Logistic
Regression')
plt.title("Naïve Bayes and Logistic Regression Accuracies")
plt.xlabel("Number of training instances")
plt.ylabel("Test set accuracy")
plt.legend()

# Out[3]:
<matplotlib.legend.Legend at 0x7ff86cb3eda0>
```

首先，我們使用 pandas 載入了 .csv 文件。這個 .csv 檔案缺少一個標頭（header）列，因此我們使用「行索引」將「反應變數」和「特徵」分隔開來。接著，我們建立了一個分層測試集。而後，我們在一個不斷變大的「訓練集」上訓練和評估模型，並繪製出準確率。在小型資料集上，「單純貝氏分類器」比「邏輯斯迴歸分類器」準確，但是隨著「資料集」數量的增加，「邏輯斯迴歸分類器」的準確率逐漸提升，如下圖所示。

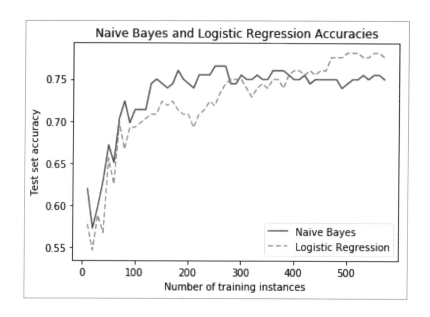

小結

在本章中,我們介紹了第一個生成模型:單純貝氏。我們使用貝氏定理計算了一個被
檢測為陽性的病人確實患有該病的機率,其中使用了關於測試效能和相關條件的知
識。我們還比較了生成模型和判別模型,使用 scikit-learn 函式庫訓練了一個單純貝氏
分類器,並比較了這個單純貝氏分類器和一個判別模型的效能。

8

非線性分類和決策樹迴歸

在本章中，我們將討論一種用於分類和迴歸任務的簡單、非線性模型，稱為**決策樹（decision tree）**。我們將使用決策樹來建立一個廣告攔截器（Ad Blocker），它能學習將一個網頁中的影像分類為「橫幅（banner）廣告」或「網頁內容」。儘管在實踐中很少使用決策樹，但它們是更多強大模型的組成部分。因此，理解「決策樹」是非常重要的。

決策樹

決策樹是一種樹狀圖，它們能夠對一個「決策」進行建模。可以將它們類比為一個叫作「20 個問題」（**Twenty Questions**）的室內遊戲。在「20 個問題」中，有一個玩家，我們稱他為「答題人」（**answerer**），他會選擇一個物件，但他不會把該物件透露給其他被稱之為「提問人」（**questioners**）的玩家。這個物件應該是一個普通名詞，例如：『吉他』或者『三明治』，但不能是『1969 Gibson Les Paul 訂製款吉他』或『北卡羅來納三明治』。「提問人」必須透過最多 20 個問題來猜到這個物件；提問的答案可能是『是』、『否』或者『可能』。一個符合直覺的策略是讓「提問人」提出漸進明確的問題。一般來說，第一個問題問『它是否是一件樂器』並不會有效地減少答案的可能性數量。決策樹的分支會明確指出「最短的特徵序列」，而這個特徵序列能被檢查，好被用來估計一個反應變數的值。繼續我們的類比吧：在「20 個問題」中，「提問人」和「答題人」都擁有關於訓練資料的知識；但是對於訓練實例來說，只有「答題人」知道特徵的值。我們經常可以透過「基於特徵實例」遞迴地（recursively）將「訓練實例集合」分割為「子集合」來學習決策樹。

下圖描繪了我們將在本章學習的決策樹：

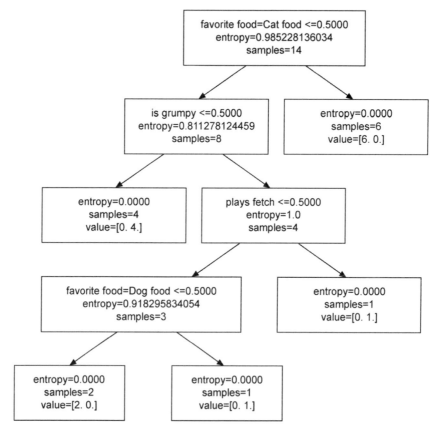

我們用盒狀圖示來代表「決策樹測試特徵」的內部節點。這些節點（nodes）透過「邊」（edges）來連接，這些「邊」明確指出「測試」的可能輸出。訓練實例基於測試結果被分到不同的「子集」之中。例如：一個節點可能會測試一個特徵的值是否超出了臨界值。通過測試的實例，將會隨著一條邊界到達「節點的**右**子節點」；而未通過測試的實例，將會隨著一條邊界到達「節點的**左**子節點」。「子節點」將會類似地測試「訓練實例的子集」，直到滿足一個停止標準。在**分類**任務中，決策樹的葉節點（leaf nodes）表示「類別」（class）。在**迴歸**任務中，可以對「葉節點中所包含的多個實例的反應變數值」進行平均，以產生對「反應變數」的估計。在建構完決策樹之後，若想對一個測試實例進行「預測」，只需要從「根節點」順著對應的「邊」到達某個「葉節點」。

訓練決策樹

我們使用 **ID3（Iterative Dichotomiser 3）**演算法，該演算法由 Ross Quinlan 發明，是最先用於訓練決策樹的演算法之一。假設你需要執行一項分類「貓」和「狗」的任務。但是，你不能直接觀察動物，而必須要使用動物的一些特徵來做出決策。對於每一隻動物，你會被告知該動物是否喜歡玩你丟我撿的遊戲（play fetch）、是否脾氣暴躁（grumpy），以及該動物最喜歡的 3 種食物。為了對新動物進行分類，決策樹將會在每一個「節點」上測試一個特徵。連接到下一個節點的「邊」將依賴於該節點所測試的「輸出」結果。例如：第一個節點可能會問該動物是否喜歡玩你丟我撿。如果喜歡，我們會隨著「邊」到達「左子節點」；如果不喜歡，我們將隨著「邊」到達「右子節點」。逐漸地，一條「邊」將會連接一個「葉節點」來指示該動物是「貓」還是「狗」。下表的 14 個實例組成了我們的訓練資料：

訓練實例	喜歡玩你丟我撿	脾氣暴躁	最喜歡的食物	種類
1	是	否	培根	狗
2	否	是	狗糧	狗
3	否	是	貓糧	貓
4	否	是	培根	貓
5	否	否	貓糧	貓
6	否	是	培根	貓
7	否	是	貓糧	貓
8	否	否	狗糧	狗
9	否	是	貓糧	貓
10	是	否	狗糧	狗
11	是	否	培根	狗
12	否	否	貓糧	貓
13	是	是	貓糧	貓
14	是	是	培根	狗

從資料中我們可以看出，貓一般來說比狗脾氣暴躁。大多數的狗玩你丟我撿，而大多數的貓拒絕。狗更喜歡狗糧和培根，而貓則喜歡貓糧和培根。『脾氣暴躁』和『喜歡玩你丟我撿』這兩個解釋變數（explanatory variables）可以輕鬆地轉換為二元值特徵。『最喜歡的食物』解釋變數是一個有 3 種可能值的「分類變數」（categorical variable），我們將使用「獨熱編碼」（one-hot encoding）」來對其進行編碼。回顧

一下，由於變數有多個值，「獨熱編碼」可以將一個「分類變數」表示為多個二元特徵。由於『最喜歡的食物』有 3 種可能的狀態，我們可以將其表現為 3 個二元特徵。從表格中我們可以手動組織分類規則。例如：『脾氣暴躁』且喜歡『貓糧』的動物肯定是一隻貓，而『喜歡玩你丟我撿』且喜歡『培根』的動物肯定是一隻狗。手動地組織這些分類規則，就算對一個小資料集來說，都是很煩瑣的。因此，我們將使用「ID3 演算法」來學習這些規則。

選擇問題

和「20 個問題」一樣，決策樹透過測試「特徵序列的值」來估計「反應變數的值」。應該先測試哪一個特徵呢？直覺上來說，能產出只包含所有貓（或只包含所有狗）的子集的測試，會比產出同時包含貓和狗的測試還要好。如果一個子集的成員屬於不同的類別，我們依然無法確定如何分類實例。我們也應該避免建立那種只會把一隻貓（或一隻狗）和其餘同類分開的測試，因為這樣的測試可以類比為在「20 個問題」的前幾回合中提問一些具體的問題。這樣的測試幾乎不能分類一個實例，也無法降低不確定性。能在最大程度上**降低**分類「不確定性」的測試就是最好的測試。我們可以使用一種稱為**熵（entropy）**的衡量方式來量化「不確定性」的程度。「熵」可以將一個變數中的「不確定性」進行量化，並以「bit」為單位。下面的公式定義了「熵」，在公式中，n 是結果的數量，$P(x_i)$ 是輸出 i 的機率。b 的常見取值是 2、e 和 10。由於數值小於 1 的對數（log）會是「負數」，求和為「負數」，公式將回傳一個「正數」：

$$H(X) = -\sum_{i=1}^{n} P(x_i) \log_b P(x_i)$$

舉例來說，單次投擲一個硬幣只有兩種結果：朝上或者朝下。硬幣朝上的機率是 0.5，朝下的機率是 0.5。投擲硬幣的「熵」如下所示：

$$H(X) = -(0.5 \log_2 0.5 + 0.5 \log_2 0.5) = 1.0$$

也就是說，兩個機率相等的輸出結果（朝上和朝下）只需要 1 bit 就可以表示。投擲硬幣兩次會導致 4 種可能的結果：朝上朝上、朝上朝下、朝下朝上以及朝下朝下。每種可能結果的機率是 0.25。投擲硬幣兩次的「熵」如下所示：

$$H(X) = -(0.25 \log_2 0.25 + 0.25 \log_2 0.25 + 0.25 \log_2 0.25 + 0.25 \log_2 0.25) = 2.0$$

如果硬幣的兩面都一樣，表示輸出結果的變數「熵為 0」。也就是說，我們總是可以確定輸出結果，同時變數永遠不會表示新的資訊。熵也可以用 *1* bit 的一小部分來進行表示。例如：一個不公平硬幣的兩面不相同，但是兩面重量分佈不均，以至於在一次投擲中兩面著地的機率不同。假設一個不公平硬幣朝上的機率是 *0.8*，朝下的機率是 *0.2*。一次投擲的熵如下所示：

$$H(X) = -(0.8 \log_2 0.8 + 0.2 \log_2 0.2) = 0.72$$

投擲一次不公平硬幣的結果，其熵只是 *1* bit 的一部分。一次投擲有兩種可能的結果，但是由於其中一種結果出現的次數更多，我們並不是完全不確定輸出結果。

我們來計算「分類一種未知動物」的熵。如果動物分類訓練資料中的貓和狗的數量相等，同時我們並不瞭解關於動物的其他資訊，決策的熵等於 *1*。關於動物，我們所瞭解的僅是它是一隻貓或是一隻狗。就如投擲一枚硬幣一樣，所有結果出現的可能性相同。然而，我們的訓練輸出包含 **6** 隻狗和 **8** 隻貓。如果我們完全不瞭解未知動物的其他資訊，決策的熵可以由以下公式算出：

$$H(X) = -\left(\frac{6}{14} \log_2 \frac{6}{14} + \frac{8}{14} \log_2 \frac{8}{14}\right) = 0.99$$

由於貓更為常見，我們對結果的不確定性稍有降低。現在讓我們找出對分類動物最有幫助的特徵，也就是說，我們來找出能把「熵」降到最低的**特徵**。我們可以測試『**喜歡玩你丟我撿**』的特徵，並將訓練實例分為「愛玩你丟我撿的實例」和「不愛玩你丟我撿的實例」。這項測試將產出兩個子集：

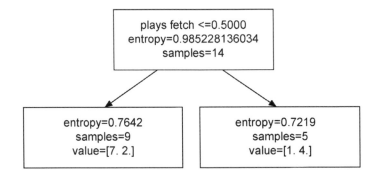

決策樹經常被視覺化為類似流程圖的圖表。上圖中最頂端的方格是「根節點」，它包含我們所有的訓練實例，同時也指明了所有需要測試的特徵。在「根節點」處，我們沒有從「訓練集」中刪除任何的實例，此時的「熵」逼近 **0.99**。「根節點」測試了『喜歡玩你丟我撿』特徵。還記得我們將這個布林解釋變數轉換成一個二元值特徵。『喜歡玩你丟我撿』等於 0 的訓練實例，被分到根節點的「**左**子節點」；而真正『喜歡玩你丟我撿』的訓練實例動物，則被分到根節點的「**右**子節點」。「**左**子節點」包含一個訓練實例的子集，其中包含 **7** 隻不喜歡玩你丟我撿的**貓**和 **2** 隻不喜歡玩你丟我撿的**狗**。該節點「熵」的計算公式如下所示：

$$H(X) = -\left(\frac{2}{9}\log_2\frac{2}{9} + \frac{7}{9}\log_2\frac{7}{9}\right) = 0.76$$

「**右**子節點」包含一個子集，其中包含 **1** 隻喜歡玩你丟我撿的**貓**和 **4** 隻喜歡玩你丟我撿的**狗**。該節點「熵」的計算公式如下所示：

$$H(X) = -\left(\frac{1}{5}\log_2\frac{1}{5} + \frac{4}{5}\log_2\frac{4}{5}\right) = 0.72$$

除了『喜歡玩你丟我撿』特徵以外，我們還會測試『**脾氣暴躁**』特徵。該項測試產出的樹如下圖所示。和上圖中的樹一樣，未通過測試的實例沿著「左邊的線」分到「左子節點」，通過測試的實例則沿著「右邊的線」分到「右子節點」。

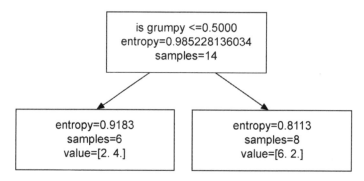

我們也可以按動物是否喜歡『貓糧』，將動物進行分類，如下圖的樹所示：

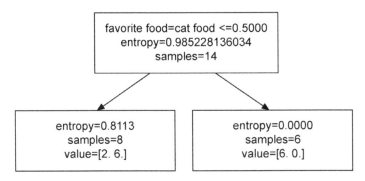

資訊增益

測試動物是否喜歡『貓糧』會產出兩個子集，其中一個子集包含 **6** 隻貓和 **0** 隻狗，熵為 **0**；另一個子集包含 **2** 隻貓和 **6** 隻狗，熵為 **0.811**。我們該如何衡量，哪一項測試最能減少我們對於分類的「不確定性」呢？計算所有子集「熵的平均值」似乎是一種衡量熵減少的可行方式。在這個例子中，由「貓糧測試」產生的子集擁有最低的平均熵。直覺來說，該項測試似乎是最有效的，因為我們使用它來區分出了幾乎半數的訓練實例。

然而，選擇能產出「最低平均熵」子集的測試會產生一個次優樹（sub-optimal tree）。比如說，假設一項測試會產出一個包含 **2** 隻狗和 **0** 隻貓的子集，而另一個子集包含 **4** 隻狗和 **8** 隻貓。第 1 個子集的「熵」如以下公式所示。注意到第 2 項由於其沒有定義而被省略：

$$H(X) = -\left(\frac{2}{2} \log_2 \frac{2}{2} \right) = 0.0$$

第 2 個子集的「熵」如下所示：

$$H(X) = -\left(\frac{4}{12} \log_2 \frac{4}{12} + \frac{8}{12} \log_2 \frac{8}{12} \right) = 0.92$$

子集的平均熵為 **0.459**，但是包含最多實例的熵幾乎有 *1* bit。這可以類比為在「20個問題」的一開始就提問具體的問題。如果我們足夠幸運，我們可以在開始的幾次嘗試之後就獲勝，但更有可能的是，我們將在浪費許多提問機會的情況下，卻沒有降低很多可能性。反之，我們可以使用一個被稱作**資訊增益**（Information Gain，**IG**）的指標來衡量「熵」的減少。資訊增益的計算公式如下所示，表示的是「父節點的熵 *H(T)*」與「子節點的加權平均熵」之間的差別。*T* 是實例的集合，*a* 是測試中使用的特徵：

$$IG(T,a) = H(T) - \sum_{v \in vals(a)} \frac{|\{x \in T | x_a = v\}|}{|T|} H(\{x \in T | x_a = v\})$$

公式中的 $X_a \in vals(a)$ 表示「實例 *x*」所對應的特徵 *a* 的值。

$\{X \in T | X_a = v\}$ 表示「特徵 *a* 的值」等於 *v* 的實例數量。

$H(\{X \in T | X_a = v\})$ 是「特徵 *a* 的值」等於 *v* 的實例的子集的熵。

下面的表格包含了所有測試的資訊增益。在此，因為使用「貓糧測試」的資訊增益增加最多，它依然是**最佳測試**。

測試	父節點熵	第一個子節點熵	第二個子節點熵	加權平均	IG
喜歡玩你丟我撿？	0.9852	0.7642	0.7218	0.7642 * 9/14 + 0.7219 * 5/14 = 0.7491	0.2361
脾氣暴躁？	0.9852	0.9183	0.8113	0.9183 * 6/14 + 0.8113 * 8/14 = 0.8572	0.1280
最喜歡的食物 = 貓糧	0.9852	0.8113	0	0.8113 * 8/14 + 0.0 * 6/14 = 0.4636	0.5216
最喜歡的食物 = 狗糧	0.9852	0.8454	0	0.8454 * 11/14 + 0.0 * 3/14 = 0.6642	0.3210
最喜歡的食物 = 培根	0.9852	0.9183	0.971	0.9183 * 9/14 + 0.9710 * 5/14 = 0.9371	0.0481

現在讓我們在決策樹中增加另一個節點。由該項測試產生的一個「子節點」是一個只包含「貓」的「葉節點」。另一個節點依然包含 **2** 隻貓和 **6** 隻狗。我們將對這個節點增加一項測試。哪一項剩餘特徵能最大程度地減少「不確定性」呢？下表包含了所有可能測試的資訊增益。

測試	父節點熵	第一個子節點熵	第二個子節點熵	加權平均	IG
喜歡玩你丟我撿	0.8113	1	0	1.0 * 4/8 + 0 * 4/8 = 0.5	0.3113
脾氣暴躁	0.8113	0	1	0.0 * 4/8 + 1* 4/8 = 0.5	0.3113
最喜歡的食物 = 狗糧	0.8113	0.9710	0	0.9710 * 5/8 + 0.0 * 3/8 = 0.6069	0.2044
最喜歡的食物 = 培根	0.8113	0	0.9710	0.0 * 3/8 + 0.9710 * 5/8 = 0.6069	0.2044

所有測試都會產出一個「熵為 0 bits」的子集，但是『脾氣暴躁』和『喜歡玩你丟我撿』測試會產出「最大的資訊增益」。ID3 會透過隨機選擇一個最佳測試來打破和局（tie）。我們將選擇『脾氣暴躁』進行測試，該項測試會將「父節點」中所包含的 **8** 個實例，分為一個包含 4 隻狗的葉節點，以及一個包含 2 隻貓和 2 隻狗的葉節點。下圖描述了目前決策樹的結構：

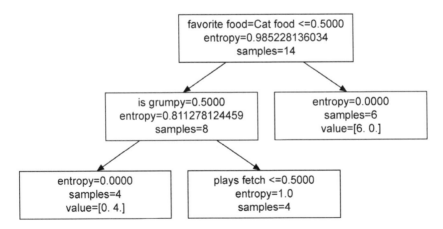

現在我們將選擇另一個解釋變數來測試子節點的 **4** 個實例。剩餘的測試，即『最喜歡的食物 = 培根』、『最喜歡的食物 = 狗糧』以及『喜歡玩你丟我撿』，都會產出一個包含 1 隻狗或 1 隻貓的葉節點，以及一個包含餘下動物的節點。也就是說，「剩餘的測試」會產出「相同的資訊增益」，如下表所示：

測試	父節點熵	第一個子節點熵	第二個子節點熵	加權平均	IG
喜歡玩你丟我撿	1	0.9183	0	0.688725	0.311275
最喜歡的食物＝狗糧	1	0.9183	0	0.688725	0.311275
最喜歡的食物＝培根	1	0	0.9183	0.688725	0.311275

我們將隨機選擇『喜歡玩你丟我撿』來測試產出一個包含 **1** 隻狗的葉節點和一個包含 **2** 隻貓和 **1** 隻狗的葉節點。剩餘的兩個特徵：我們可以用來測試喜歡『**培根**』的動物，或者可以用來測試喜歡『**狗糧**』的動物。兩項測試都會產出相同的子集，並建立一個只包含 **1** 隻狗的葉節點和一個包含 **2** 隻貓的葉節點。我們將隨機選擇測試喜歡『**狗糧**』的動物，下圖是決策樹最終的結構：

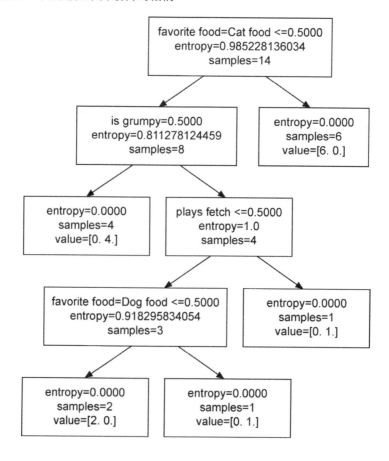

接下來，我們對以下測試資料中的動物進行分類：

測試實例	喜歡玩你丟我撿	脾氣暴躁	最喜歡的食物	類別
1	是	否	培根	狗
2	是	是	狗糧	狗
3	否	是	狗糧	貓
4	否	是	培根	貓
5	否	否	貓糧	貓

讓我們對第 1 隻動物進行分類：第 1 隻動物喜歡玩你丟我撿、脾氣不太暴躁，並且喜歡培根。由於該動物最喜歡的食物不是貓糧，因此我們將到達「根節點」的「左子節點」。由於動物脾氣並不暴躁，因此我們將到達第 2 層節點的子節點。這是一個只包含「狗」的葉節點，我們已經正確地將這個實例進行了分類。為了將第 3 個測試實例分類為一隻貓，我們首先到達「根節點」的「左子節點」，然後到第 2 層節點的「右子節點」，接著到達第 3 層節點的「左子節點」，最後到達第 4 層節點的「右子節點」。

ID3 演算法並不是唯一能用於訓練決策樹的演算法。**C4.5** 演算法是 ID3 的一個修改版本，它能夠和「連續解釋變數」一起使用，同時能為特徵提供遺漏的值。C4.5 演算法也可以用於對決策樹進行「修剪」（prune）。**剪枝（Pruning）** 透過使用「葉節點」取代「幾乎不能對實例進行分類的分支」，來減少樹的體積。**CART** 演算法是另一種支援「剪枝」的學習演算法，它同時也是 scikit-learn 函式庫用來實作決策樹的演算法。現在我們已經大致理解「ID3 演算法」與其能解決問題的能力，我們將使用 scikit-learn 來建立決策樹。

Gini 不純度

在上一小節中，透過建立能夠產出最大資訊增益的節點，我們建立了一個決策樹。另一個用於學習決策樹的常用啟發性演算法是 **Gini 不純度**（Gini impurity），它能用來衡量一個集合中「類別」的比例。Gini 不純度的定義如下方的公式所示，其中 j 是類別的數量，t 是節點對應的實例子集，$P(i|t)$ 是從節點的子集之中選擇一個屬於類別 i 元素的機率：

$$Gini(t) = 1 - \sum_{i=1}^{j} P(i|t)^2$$

直覺上來說，當集合中所有元素都屬於同一類別時，在選擇該類別的一個元素時，機率都等於 **1**，因此「Gini 不純度」應該為 **0**。和熵一樣，當每個被選擇的類別機率都相等時，「Gini 不純度」達到最大值。「Gini 不純度」的最大值取決於可能類別的數量，具體計算方法如以下公式所示：

$$Gini_{max} = 1 - \frac{1}{n}$$

我們的分類問題中包含兩個類別，因此「Gini 不純度」的最大值等於 **1/2**。scikit-learn 函式庫同時支援決策樹使用「資訊增益」和「Gini 不純度」。沒有一個嚴格的規則決定何時應該使用哪一個衡量標準，在實際使用中，兩個衡量標準經常會產生類似的結果。和機器學習中的很多決策演算法一樣，我們最好使用「兩種標準」來訓練模型並比較模型的效能。

使用 scikit-learn 建立決策樹

我們使用決策樹建立一個能夠封鎖（block）網頁「橫幅廣告」的軟體。這個軟體將預測網頁中的每一張影像是否為「廣告」或者是「文章內容」。被分類為「廣告」的影像將會從網頁中被移除。我們將使用「網際網路廣告資料集」（Internet Advertisements dataset）訓練一個決策樹，該資料集可以從這裡下載：http://archive.ics.uci.edu/ml/datasets/Internet+Advertisements，其中包含 3,279 張影像的資料。該資料集中「類別」的比例是不均衡的：有 **459** 張影像是廣告，另外 **2,820** 張影像則是文章內容。決策樹學習演算法可以從「非均衡類別比例的資料」中產出「偏誤的樹」（biased trees）。在我們決定使用「過取樣／上採樣」（oversampling）或「降採樣／下採樣」（undersampling）實例來平衡訓練實例是否值得之前，我們將在一個不變的資料集上衡量模型。「解釋變數」包括影像的維度、網頁 URL 中的文字、影像 URL 中的文字、影像的 alt 屬性文字、影像的 anchor 屬性文字、以及圍繞影像標籤的文字窗格。「反應變數」是影像的類別。「解釋變數」已經被轉換為特徵。前 3 個特徵是實數，它們分別是影像的寬度、高度和長寬比的編碼數值。剩下的特徵對文字變數出現的頻率進行二元項編碼。在下面的例子中，我們將使用「網格搜尋」，找出能使決策樹達到「最大準確率」的超參數，並在一個測試集上衡量該決策樹的效能：

```
# In[1]:
import pandas as pd
from sklearn.tree import DecisionTreeClassifier
from sklearn.model_selection import train_test_split
from sklearn.metrics import classification_report
from sklearn.pipeline import Pipeline
from sklearn.grid_search import GridSearchCV


df = pd.read_csv('./ad.data', header=None)

explanatory_variable_columns = set(df.columns.values)
explanatory_variable_columns.remove(len(df.columns.values)-1)
response_variable_column = df[len(df.columns.values)-1] # The last
column
describes the classes

y = [1 if e == 'ad.' else 0 for e in response_variable_column]
X = df[list(explanatory_variable_columns)].copy()
X.replace(to_replace=' *?', value=-1, regex=True, inplace=True)
X_train, X_test, y_train, y_test = train_test_split(X, y)

pipeline = Pipeline([
    ('clf', DecisionTreeClassifier(criterion='entropy'))
])
parameters = {
    'clf__max_depth': (150, 155, 160),
    'clf__min_samples_split': (2, 3),
    'clf__min_samples_leaf': (1, 2, 3)
}

grid_search = GridSearchCV(pipeline, parameters, n_jobs=-1,
verbose=1,
  scoring='f1')
grid_search.fit(X_train, y_train)

best_parameters = grid_search.best_estimator_.get_params()
print('Best score: %0.3f' % grid_search.best_score_)
print('Best parameters set:')
for param_name in sorted(parameters.keys()):
    print('t%s: %r' % (param_name, best_parameters[param_name]))

predictions = grid_search.predict(X_test)
print(classification_report(y_test, predictions))
```

```
# out[1]:
Fitting 3 folds for each of 18 candidates, totalling 54 fits
[Parallel(n_jobs=-1)]: Done   42 tasks      | elapsed:     5.4s
[Parallel(n_jobs=-1)]: Done   54 out of   54 | elapsed:     6.6s
finished
Best score: 0.887
Best parameters set:
tclf__max_depth: 150
tclf__min_samples_leaf: 1
tclf__min_samples_split: 3
                precision    recall   f1-score    support
            0        0.98      0.99       0.98        717
            1        0.92      0.83       0.87        103
avg / total          0.97      0.97       0.97        820
```

首先我們使用 pandas 讀取了 .csv 文件。這個 .csv 檔沒有標頭列（header row），因此我們使用索引將「最後一行包含反應變數的資料」與其他行分開。我們將「廣告」編碼為正向類別（positive class），將「文章內容」編碼為負向類別（negative class）。超過四分之一的實例缺少了至少一個影像維度的值。這些遺漏的值使用了「空格」和「一個問號」來標注。我們使用 -1 來替換這些遺漏的值，但是也可以估算這些遺漏值。例如：我們可以使用「平均高度值」來取代「遺漏的高度值」。我們將資料分割為「訓練集」和「測試集」，建立了一個管線和一個 DecisionTreeClassifier 類別的實例。我們將 criterion 關鍵字參數設置為 entropy，來使用「資訊增益啟發性演算法」建立決策樹。接著，我們為「網格搜尋」制定了超參數空間。我們設置 GridSearchCV 來最大化模型的 F1 分數。分類器在訓練資料中探測到了**超過 80%** 的廣告影像，同時其預測為「廣告」的影像事實上也為「廣告」的比例**逼近 92%**。總的來說，該模型的效能是較為良好的。在後續的內容中，我們將嘗試修改模型以提升其效能。

決策樹的優點和缺點

和決策樹有關的優缺點，與我們已經討論過的其他模型有所不同。決策樹很容易使用。和其他的學習演算法不同，決策樹並不要求對「資料」進行標準化。雖然決策樹可以容忍特徵值的遺漏，但在 scikit-learn 函式庫中，目前對決策樹的實作方式並不能容忍特徵值的缺失。決策樹可以學習「忽略」與任務無關的特徵，也可以用來「決定」哪些特徵是最有用的。決策樹支援「多輸出任務」（multi-output tasks），且單一決策樹可以被用於「多元分類任務」而無需使用像是「一對全」（one-versus-all）這樣的策略。小型決策樹可以使用 scikit-learn 函式庫 tree 模組中的 export_ graphviz 函數，輕鬆地解釋和視覺化。

和我們已經討論過的大部分其他模型一樣，決策樹屬於**勤奮學習模型**（eager learners）。「勤奮學習模型」在用於估計「測試實例的值」之前，需要從「訓練資料」中建立一個「輸入不相關模型」（input-independent model），可一旦建立了模型之後，就可以相對較**快**地進行預測。反之，像 KNN 演算法這樣的**惰式學習模型**（lazy learners）會延遲所有的一般化能力，直到它們被用於實際的預測之中。「惰式學習模型」不會花時間訓練，且和「勤奮學習模型」相比，「惰式學習模型」預測的過程通常較**慢**。

和我們已經討論過的許多模型相比，決策樹更容易「過度擬合」（overfitting）。這是因為「決策樹學習演算法」會產生完美擬合每一個訓練實例的「巨型複雜的決策樹模型」，而無法對「真實的關係」進行一般化。有幾項技巧可以用於緩和決策樹中的「過度擬合」問題。「剪枝」是一種常用的策略，它會移除決策樹中一些過深的節點和葉子，但是該項技巧並未在 scikit-learn 函式庫中被實作。然而，我們可以透過設置決策樹的最大深度（maximum depth），或使用「只在訓練實例數量超出某個臨界值時才建立子節點」這樣的預剪枝方法，來達到類似的效果。DecisionTreeClassifier 類別和 DecisionTreeRegressor 類別都提供了用於設置這些「限制」的關鍵字參數。另一項用於減少「過度擬合」的技巧是從「訓練資料」和「特徵的子集」中建立多棵決策樹。這些模型的集合稱為一個**整體（ensemble）**。下一章中，我們將建立一個被稱作**隨機森林**（random forest）的決策樹整體。

高效率的決策樹演算法（如 ID3 演算法）是貪婪（greedy）演算法，它們透過做出「**局部**（locally）**最佳決策**」來有效率地學習，但並不保證能產出「**全域**（globally）**最佳的樹**」。ID3 演算法透過選擇一個特徵序列並進行測試，來建構一棵樹。每一個特徵之所以被選擇，是因為其在一個節點中與其他變數相比，更能減少不確定性。然而，為了找出「全域最佳的樹」，很有可能需要「局部最佳化（suboptimal）測試」。在我們的玩具例子中，由於我們保留了所有的節點，因此樹的尺寸並不成為問題。然而在一個實際的應用程式之中，樹的成長可能受到「剪枝」和「其他類似機制」的限制。將樹「剪枝」為不同的形狀將會產出不同效能的樹。在實踐中，由「資訊增益」或「Gini 不純度」啟發性演算法指導的「局部最佳決策」往往會產出「可接受（acceptable）」的決策樹。

小結

在本章中，我們學習了一種用於「分類」和「迴歸」任務的簡單、非線性模型，稱之為「決策樹」。和室內遊戲「20 個問題」類似，決策樹由一系列檢測「測試實例」的問題序列組成。決策樹的分支終止於一個能夠指明「反應變數預測值」的葉子。我們討論了如何使用「ID3 演算法」來訓練決策樹，其過程遞迴地將「訓練實例」分割為子集，可以減少對於反應變數值的「不確定性」。我們使用了決策樹來預測網頁中的某張影像是否為「橫幅廣告」。在下一章中，我們將介紹使用「估計器集合」對「關係」進行建模的方法。

9

整體方法：
從決策樹到隨機森林

一個**整體**（ensemble）指的是估計器（estimators）的組合，其效能比其中的任何一個元件（components）都還要好。在本章中，我們將介紹 3 種建立「整體」的方法：**裝袋法（bagging）**、**提升法（boosting）**和**堆疊法（stacking）**。首先，我們將把「裝袋法」應用於上一章中介紹的決策樹，來建立一個稱為**隨機森林**（random forest）的強大「整體」。接著，我們將介紹「提升法」和熱門的 **AdaBoost 演算法**。最後，我們將使用「堆疊法」從「異類基礎估計器」（heterogeneous base estimators）建立整體。

裝袋法

Bootstrap aggregating（自助整合法）或縮寫 bagging（裝袋法）是一種能夠減少估計器「變異數」的整體整合演算法（ensemble meta-algorithm）。「裝袋法」可以用於分類任務和迴歸任務。當「元件估計器」為「迴歸器」（regressors）時，「整體」將平均它們的預測結果。當「元件估計器」為「分類器」（classifiers）時，整體將回傳模式類別（mode class）。

「裝袋法」能在訓練資料的變體（variants）上擬合多個模型。訓練資料的變體使用一種稱為 **Bootstrap resampling**（自助重採樣）的流程來建立。一般來說，僅使用分佈的一個「樣本」來估計一個「未知機率分佈的參數」是很有必要的。我們可以使用這個「樣本」計算一個統計數值，但是這個統計數值將會隨我們恰巧取到的「樣本」而變化。Bootstrap resampling 是一種估計統計數值「不確定性」的方法。只有當「樣本」中的觀察值被獨立地選取時，該方法才能被使用。Bootstrap resampling 透過重複地對「原始樣本」的替代（replacement）進行採樣，來產出「樣本」的多個變體。所有變體樣本將具有與「原始樣本」相同的觀察值數量，且可能包含零次或更多次的任一觀察值。我們可以為每一個變體計算統計數值，並透過建立一個信賴區間（confidence interval）或計算標準誤差（standard error）來使用這些統計資料，以估計我們估計之中的「不確定性」。讓我們看看一個例子：

```python
# In[1]:
import numpy as np

# Sample 10 integers
sample = np.random.randint(low=1, high=100, size=10)
print('Original sample: %s' % sample)
print('Sample mean: %s' % sample.mean())

# Bootstrap re-sample 100 times by re-sampling with replacement
  from the original sample
resamples = [np.random.choice(sample, size=sample.shape) for i in
  range(100)]
print('Number of bootstrap re-samples: %s' % len(resamples))
print('Example re-sample: %s' % resamples[0])

resample_means = np.array([resample.mean() for resample in
  resamples])
print('Mean of re-samples\' means: %s' % resample_means.mean())

# Out[1]:
Original sample: [60 84 64 59 58 30  1 97 58 34]
Sample mean: 54.5
Number of bootstrap re-samples: 100
Example re-sample: [30 59 97 58 60 84 58 34 64 58]
Mean of re-samples' means: 54.183
```

對高變異數、低偏誤的估計器（如決策樹）來說，裝袋法是一種有用的整合演算法。事實上，「裝袋決策樹整體」因其經常成功地被使用，以至於它擁有了自己的名字：**隨機森林**。森林中「樹的數量」是一個重要的超參數。增加「樹的數量」會提升模型的效能，但同時會消耗昂貴的計算能力。當樹不作為單一估計器而是在森林中被訓練時，因為「裝袋法」提供正規化，正規化技巧（如「剪枝法」或對每個葉節點要求訓練實例數量最小值）的重要性就會降低。除了「裝袋法」之外，隨機森林的學習演算法也經常在另一方面與其他樹演算法有所不同。回顧前一章的內容，決策樹演算法（如 ID3）由「資訊增益」或者「Gini 不純度」作為衡量方式，透過選擇在每個節點上能產出「最佳劃分（split）」的特徵來組織樹。對隨機森林來說，演算法僅透過每個節點上的一個「特徵隨機樣本」來選擇最佳組織方式。讓我們使用 scikit-learn 訓練一個隨機森林：

```
# In[1]:
from sklearn.tree import DecisionTreeClassifier
from sklearn.ensemble import RandomForestClassifier
from sklearn.datasets import make_classification
from sklearn.model_selection import train_test_split
from sklearn.metrics import classification_report

X, y = make_classification(
 n_samples=1000, n_features=100, n_informative=20,
 n_clusters_per_class=2,
 random_state=11)
X_train, X_test, y_train, y_test = train_test_split(X, y,
 random_state=11)

clf = DecisionTreeClassifier(random_state=11)
clf.fit(X_train, y_train)
predictions = clf.predict(X_test)
print(classification_report(y_test, predictions))

# Out[1]:
              precision    recall  f1-score   support

           0       0.73      0.66      0.69       127
           1       0.68      0.75      0.71       123

avg / total       0.71      0.70      0.70       250
```

```
# In[2]:
clf = RandomForestClassifier(n_estimators=10, random_state=11)
clf.fit(X_train, y_train)
predictions = clf.predict(X_test)
print(classification_report(y_test, predictions))

# Out[2]:
            precision      recall    f1-score    support

        0       0.74        0.83       0.79        127
        1       0.80        0.70       0.75        123

avg / total       0.77        0.77       0.77        250
```

首先，我們使用 make_classification 建立了一個人工分類資料集。這個便捷函數可以細緻化控制（fine-grained control）它產出的資料集特徵。我們建立了一個包含 1,000 個實例的資料集。在 100 個特徵中，20 個特徵是有資訊的；剩下的特徵是有資訊特徵的多餘組合（或雜訊）。然後，我們訓練、評估了一個決策樹，接著又訓練了一個包含 10 棵樹的隨機森林。隨機森林的 F1 精準率、召回率和 F1 分數都更好。

提升法

提升法（boosting）是主要用於減少估計器偏誤的整體方法家族的一員。提升法能用於分類任務和迴歸任務之中。和裝袋法一樣，提升法會建立同類估計器（homogeneous estimators）的整體。我們對提升法的討論將集中關注一個熱門的提升演算法：**AdaBoost**。

AdaBoost 是一個迭代演算法，它在 1995 年由 Yoav Freund 和 Robert Schapire 提出。它的名字是 Adaptive 和 Boosting 的混合詞。在第一次迭代中，AdaBoost 演算法為「所有的訓練實例」賦予相等的權重，然後訓練一個**弱學習器**（weak learner）。一個弱學習器（或弱分類器／weak classifier、弱預測器／weak predictor 等等）被定義為效能只比「隨機猜測法」稍微好一些的估計器，像是只有一個或很少節點的決策樹。弱學習器經常是但不一定是簡單的模型。反之，一個**強學習器**（strong learner）被定義為一個絕對優於「弱學習器」的學習器。大部分的提升演算法（包括 AdaBoost 演算法）可以使用任何「基礎估計器」作為一個弱學習器。在後續的迭代中，AdaBoost 演算法會**增加**在前面的迭代中「弱學習器」預測**錯誤**的訓練實例的權

重，而**減少**預測**正確**的訓練實例的權重。接著，演算法會在重新分配權重的實例上訓練另一個「弱學習器」。後續的學習器會更關注整體預測**錯誤**的實例。當演算法達到完美效能時，或在經過一定次數的迭代之後，演算法會停止。整體將會預測出「基礎估計器」預測的權重和（weighted sum）。

scikit-learn 實作了許多用於分類和迴歸任務的「提升整合估計器」（boosting meta-estimators），包括 AdaBoostClassifier、AdaBoostRegressor、GradientBoostingClassifier 和 GradientBoostingRegressor。在下面的例子中，我們將為一個人工資料集訓練一個 AdaBoostClassifier 分類器，該資料集由便捷函數 make_classification 建立。隨著「基礎估計器」數量的增加，我們會繪製出「整體」的準確率，並比較「整體」和「單一決策樹」的準確率：

```
# In[1]:
%matplotlib inline

# In[2]:
from sklearn.ensemble import AdaBoostClassifier
from sklearn.tree import DecisionTreeClassifier
from sklearn.datasets import make_classification
from sklearn.model_selection import train_test_split
import matplotlib.pyplot as plt

X, y = make_classification(
 n_samples=1000, n_features=50, n_informative=30,
 n_clusters_per_class=3,
 random_state=11)
X_train, X_test, y_train, y_test = train_test_split(X, y, random_
state=11)

clf = DecisionTreeClassifier(random_state=11)
clf.fit(X_train, y_train)
print('Decision tree accuracy: %s' % clf.score(X_test, y_test))

# Out[2]:
Decision tree accuracy: 0.688
```

```
# In[3]:
# When an argument for the base_estimator parameter is not passed,
the default DecisionTreeClassifier is used
clf = AdaBoostClassifier(n_estimators=50, random_state=11)
clf.fit(X_train, y_train)
accuracies.append(clf.score(X_test, y_test))

plt.title('Ensemble Accuracy')
plt.ylabel('Accuracy')
plt.xlabel('Number of base estimators in ensemble')
plt.plot(range(1, 51), [accuracy for accuracy in clf.staged_score(X_
test,
y_test)])
```

程式碼產生如下圖所示的結果：

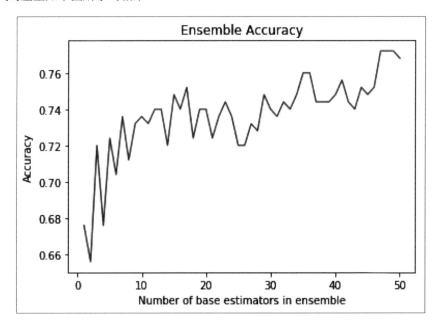

堆疊法

堆疊法（stacking）是一種建立「整體」的方法，它使用一個「整合估計器」（meta-estimator）去合併「基礎估計器」的預測結果。堆疊法有時也被稱為**混合法**（blending），會增加第二個監督式學習問題：「整合估計器」必須被訓練去使用「基礎估計器」的預測結果來預測「反應變數的值」。為了訓練一個堆疊整體，首先需要使用「訓練集」去訓練「基礎估計器」。和裝袋法以及提升法不同，堆疊法可以使用**不同種類**的「基礎估計器」。比如說，一個隨機森林可以和一個邏輯斯迴歸分類器合併。接下來，「基礎估計器的預測結果」和「真實情況」會作為「整合估計器」的訓練集。與投票和平均相比，「整合估計器」可以在更複雜的情況下學習合併「基礎估計器」的預測結果。scikit-learn 並沒有實作「堆疊整合估計器」，但是我們可以擴充BaseEstimator 類別，來建立自己的「整合估計器」。在下面的例子中，我們使用一個單一決策樹作為「整合估計器」，「基礎估計器」包括一個邏輯斯迴歸分類器和一個KNN 分類器。我們使用類別的「預測機率」作為特徵，而非使用類別的「預測標籤」。另外，我們使用 make_classification 函數建立一個人工分類資料集。接著，訓練並評估每一個基礎估計器。最後，訓練並評估「整體」，它具有更好的準確率：

```python
# In[1]:
import numpy as np
from sklearn.model_selection import train_test_split
from sklearn.neighbors import KNeighborsClassifier
from sklearn.tree import DecisionTreeClassifier
from sklearn.linear_model import LogisticRegression
from sklearn.datasets import make_classification
from sklearn.base import clone, BaseEstimator, TransformerMixin,
  ClassifierMixin


class StackingClassifier(BaseEstimator, ClassifierMixin,
  TransformerMixin):

    def __init__(self, classifiers):
        self.classifiers = classifiers
        self.meta_classifier = DecisionTreeClassifier()

    def fit(self, X, y):
        for clf in self.classifiers:
            clf.fit(X, y)
        self.meta_classifier.fit(self._get_meta_features(X), y)
        return self
```

```
    def _get_meta_features(self, X):
        probas = np.asarray([clf.predict_proba(X) for clf in
          self.classifiers])
        return np.concatenate(probas, axis=1)

    def predict(self, X):
        return self.meta_classifier.predict(self._get_meta_
features(X))

    def predict_proba(self, X):
        return
self.meta_classifier.predict_proba(self._get_meta_features(X))


X, y = make_classification(
    n_samples=1000, n_features=50, n_informative=30,
      n_clusters_per_class=3,
      random_state=11)
X_train, X_test, y_train, y_test = train_test_split(X, y,
    random_state=11)

lr = LogisticRegression()
lr.fit(X_train, y_train)
print('Logistic regression accuracy: %s' % lr.score(X_test,
    y_test))

knn_clf = KNeighborsClassifier()
knn_clf.fit(X_train, y_train)
print('KNN accuracy: %s' % knn_clf.score(X_test, y_test))

# Out[1]:
Logistic regression accuracy: 0.816
KNN accuracy: 0.836

# In[2]:
base_classifiers = [lr, knn_clf]
stacking_clf = StackingClassifier(base_classifiers)
stacking_clf.fit(X_train, y_train)
print('Stacking classifier accuracy: %s' % stacking_clf.score(X_test,
y_test))

# Out[2]:
Stacking classifier accuracy: 0.852
```

小結

在本章中,我們介紹了整體方法。一個整體方法是模型的組合,其效能要優於任意一個其中的元件。我們討論了 3 種訓練整體的方法。Bootstrap aggregating 或裝袋法,可以減少一個估計器的變異數。裝袋法使用 Bootstrap resampling 來建立多個訓練集變體。在這些變體上訓練的模型,其「預測值」將會被平均。裝袋決策樹被稱為「隨機森林」。提升法是一種能減少「基礎估計器」偏誤的「整體整合估計器」。AdaBoost 演算法是一種熱門的提升演算法,它迭代地在訓練資料上訓練估計器,訓練資料的「權重」將會根據前一個估計器的誤差進行調整。最後,在堆疊法中,一個「整合估計器」可以學習去合併「異類基礎估計器」的預測結果。

10

感知器

在之前的章節中，我們討論了諸如「多元線性迴歸」和「邏輯斯迴歸」這樣的線性模型。在本章中，我們將介紹另一種叫作**感知器**（perceptron）的線性模型，它可用於二元分類任務。儘管如今感知器幾乎不被使用，但是理解它的原理和侷限性，對於我們理解後面章節中即將討論的模型來說，卻是非常重要的。

感知器

1950 年代後期，Frank Rosenblatt 在康奈爾大學航空實驗室（Cornell Aeronautical Laboratory）發明了感知器，研究人員對模擬人類大腦所做的努力，激勵了感知器最初的發展。大腦由「用於處理資訊」的**神經元**（neurons）細胞，以及神經元之間「用於傳遞資訊」的連接**突觸**（synapses）所組成。據估計，人類的大腦中包含多達 100 億個神經元和 100 兆個突觸。如下圖所示，一個神經元的主要組成部分包括樹突（dendrites）、細胞體（cell body）和軸突（axon）。樹突接受來自其他神經元的電訊號（electrical signal）。訊號在神經元細胞體內進行處理，然後通過軸突，傳遞到下一個神經元。

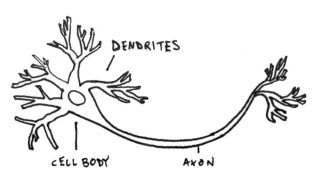

一個獨立的神經元可以被視作一個計算單元，它能處理一個或者多個輸入，並產生一個輸出結果。一個感知器函數就像一個神經元，它接受一個或多個輸入，進行處理，然後回傳一個輸出結果。如此看來，和人類大腦中數千億個神經元結構相比，只能類比一個神經元原理的感知器模型，其作用是非常有限的。從某種程度上來說的確如此，許多函數並不能由感知器模型逼近。然而，基於以下兩個原因，我們依然需要對感知器進行討論。**首先**，感知器能夠線上學習（online learning）；學習演算法可以使用「單一訓練實例」更新「模型的參數」而無需批次訓練實例。對於那些體積過大而無法在記憶體中儲存的訓練資料集來說，線上學習是非常有用的。**其次**，理解感知器的原理和侷限性，對後面章節將要討論的模型來說，是很有必要的，包括「支援向量機」和「類神經網路」。感知器的視覺化如下所示：

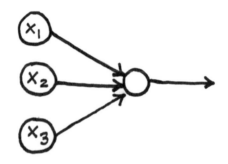

圖中標記為 x_1、x_2、x_3 的 3 個圓圈代表輸入單元（input units）。每個輸入單元表示一個特徵。感知器經常使用一個額外的輸入單元來表示偏誤項常數（constant bias term），但是這個輸入單元通常不會出現在圖表之中。中心的圓圈是計算單元（computational unit）或神經元體（neuron's body）。從輸入單元指向計算單元的「邊」（edges），可被視為神經元的樹突。每一條「邊」都和一個參數（或稱為權重）相互關聯。這些參數易於解釋：一個和「正相關類別」有關聯的特徵，其權重為正；一個和「負相關類別」有關聯的特徵，其權重為負。從計算單元輸出的「邊」回傳計算結果，可被視為神經元細胞的軸突。

啟動函數

透過使用**啟動函數**（activation function）處理「特徵」和「模型參數」的線性組合，感知器能對「實例」進行分類，公式如下所示：

$$y = \phi \left(\sum_{i=1}^{n} w_i x_i + b \right)$$

在這裡，w_i 代表模型參數，b 是一個偏誤項常數，ϕ 代表啟動函數。參數和輸入的線性組合有時也被稱作**預啟動**（preactivation）。有幾個不同的啟動函數經常被使用。Rosenblatt 在最初的感知器中使用 **Heaviside step function**（希柏塞德階梯函數）作為啟動函數。Heaviside step function 也被稱為**單位階梯函數**（unit step function），公式中 x 代表特徵的組合：

$$g(x) = \begin{cases} 1, & \text{if } x > 0 \\ 0, & \text{elsewhere} \end{cases}$$

如果「特徵」和「偏誤項」的權重求「和」結果大於 0，啟動函數將回傳 1，感知器會預測實例屬於正向類別。反之，如果啟動函數回傳 0，感知器會預測實例屬於負向類別。Heaviside step function 如下圖所示：

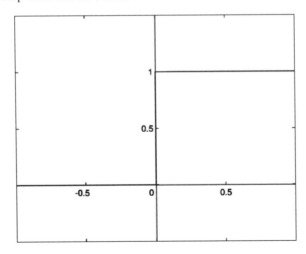

另一種常用的啟動函數是**邏輯斯 S 型曲線函數**（logistic sigmoid function）：

$$g(x) = \frac{1}{1 + e^{-x}}$$

x 是輸入的權重和（weighted sum）。與「單位階梯函數」不同，邏輯斯 S 型曲線函數是可微分函數（differentiable function）。當我們討論類神經網路的時候，差分（difference）將變得非常重要。

感知器學習演算法

感知器學習演算法一開始將「權重值」設置為 **0**，或很小的隨機值。然後開始對訓練實例進行分類預測。感知器是一種錯誤驅動（error-driven）的學習演算法，如果預測正確，感知器演算法將**繼續**預測下一個實例。如果預測錯誤，演算法將**更新**權重值。更正式的更新公式如下所示：

$$w_i(t+1) = w_i(t) + \alpha(d_j - y_j(t))x_{j,i}, \quad 對所有特徵 \; 0 \leq i \leq n.$$

對每個訓練實例，每個特徵的參數值按照公式 $\alpha(d_j - y_j(t)) \; x_{j,i}$ 增加，d_j 代表實例 *j* 真正的類別，$y_j(t)$ 是實例 *j* 的預測類別，$x_{j,i}$ 是實例 *j* 的第 i^{th} 個特徵，α 是控制學習速率的超參數。如果預測結果**正確**，$d_j - y_j(t)$ 的結果為 **0**，則 $\alpha(d_j - y_j(t)) \; x_{j,i}$ 等於 **0**。也就是說，如果預測結果**正確**，權重不會發生更新，如果預測結果**錯誤**，則求出 $d_j - y_j(t)$ 的特徵值和學習速率的乘積，並將乘積結果（可能為負數）加到目前的權重參數上。

上述的更新規則和「梯度下降更新規則」類似，「權重參數」朝實例正確分類的方向進行調整，同時更新的尺度由「學習速率」控制。每遍歷一遍所有的訓練實例稱之為一**輪**（epoch，即**一個訓練週期**）。如果學習演算法在一輪內對所有的訓練實例分類正確，則達到收斂狀態（converged）。學習演算法並不保證收斂，在後面的章節中，我們將討論不可能達到收斂狀態的「線性不可分資料集」（linearly inseparable datasets）。正因如此，學習演算法需要一個「超參數」來指定演算法終止之前能夠完成的最大「輪」數。

使用感知器進行二元分類

下面來看一個玩具分類問題。假設你希望區分「成年貓」和「幼貓」。而資料集中只有兩個反應變數：一天中貓咪睡覺的時間比例，以及一天中貓咪鬧脾氣的時間比例。資料集包含 4 個訓練實例：

實例	一天中睡覺的時間比例	一天中鬧脾氣的時間比例	幼貓還是成年貓？
1	0.2	0.1	幼貓
2	0.4	0.6	幼貓
3	0.5	0.2	幼貓
4	0.7	0.9	成年貓

下面的實例散佈圖（scatter plot）顯示訓練資料集是線性可分的（linearly separable）：

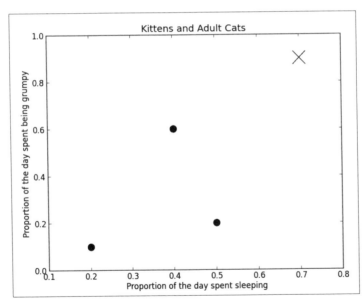

我們的目標是訓練一個能使用兩個「實值變數」對動物進行分類的感知器。我們將「幼貓」表示為正向類別，「成年貓」表示為負向類別。我們的感知器有 **3** 個輸入單元：x_1 表示偏誤項的輸入單元；x_2 和 x_3 分別是兩個特徵的輸入單元。計算單元使用「單位階梯函數」作為啟動函數。在這個例子中，我們將「最大可訓練輪數」設置為 **10**，如果演算法在 10 輪之內不收斂，學習演算法將停止並回傳權重係數的當前值。為了簡單起見，我們把學習速率設置為 *1*，同時把初始權重係數均設置為 *0*。第 **1** 輪的情況如下所示：

實例	初始權重係數值； x； 啟動函數結果	預測值，目標值	是否正確	更新後的 權重係數
0	0, 0, 0； 1.0, 0.2, 0.1； 1.0 * 0 + 0.2 * 0 + 0.1 * 0 = 0.0；	0, 1	錯誤	1.0, 0.2, 0.1
1	1.0, 0.2, 0.1； 1.0, 0.4, 0.6； 1.0 * 1.0 + 0.4 * 0.2 + 0.6 * 0.1 = 1.14；	1, 1	正確	不更新
2	1.0, 0.2, 0.1； 1.0, 0.5, 0.2； 1.0 * 1.0 + 0.5 * 0.2 + 0.2 * 0.1 = 1.12；	1, 1	正確	不更新
3	1.0, 0.2, 0.1； 1.0, 0.7, 0.9； 1.0 * 1.0 + 0.7 * 0.2 + 0.9 * 0.1 = 1.23；	1, 0	錯誤	0, -0.5, -0.8

開始時所有的權重係數均為 *0*。**第 1 個實例**的「特徵權重和」為 *0*，啟動函數的輸出為 *0*，感知器錯誤地把幼貓預測為成年貓。由於預測結果錯誤，所以我們根據更新規則來「更新」權重係數。我們依照以下的乘積來增加每個權重係數：學習速率（亦即預測正確以及預測標籤之間的差距）和對應特徵的值。

接下來到**第 2 個訓練實例**，我們使用「更新後的權重係數」計算出「特徵權重和」等於 *1.14*，因此啟動函數的輸出為 *1*。這個預測結果是正確的，因此不需要更新權重係數值，於是我們繼續到第 3 個實例。**第 3 個訓練實例**的預測結果也是正確的，因此繼續到第 4 個訓練實例。**第 4 個訓練實例**的特徵權重和為 *1.23*，啟動函數的輸出結果為 *1*，預測結果錯誤地把成年貓預測為幼貓。由於預測結果錯誤，我們依照以下的乘積來增加每個權重係數：學習速率（亦即預測正確以及預測標籤之間的差距）和對應特

徵的值。此時我們已經對「訓練資料集」中所有的訓練實例進行了分類，完成了第 **1**
輪。下圖描繪出第 **1** 輪之後的決策邊界：

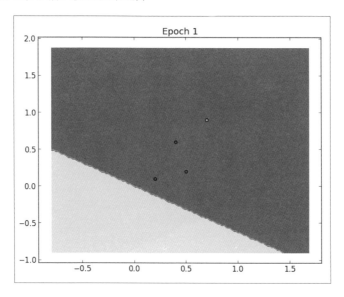

需要注意的是，決策邊界（decision boundary）會在「一輪／一個訓練週期」內發生
移動；一輪結束時，由權重係數形成的決策邊界，不一定會和一輪初始時的決策邊界
產出同樣的預測結果。由於還沒有達到最大可訓練「輪」數，我們繼續對訓練實例進
行迭代。第 **2** 輪的情況如下所示：

實例	初始權重係數值； x； 啟動函數結果	預測值，目標值	是否 正確	更新後的 權重係數
0	0, -0.5, -0.8； 1.0, 0.2, 0.1； 1.0 * 0 + 0.2 * -0.5 + 0.1 * -0.8 = -0.18；	0, 1	錯誤	1, -0.3, -0.7
1	1, -0.3, -0.7； 1.0, 0.4, 0.6； 1.0 * 1.0 + 0.4 * -0.3 + 0.6 * -0.7 = 0.46；	1,1	正確	1, -0.3, -0.7
2	1, -0.3, -0.7； 1.0, 0.5, 0.2； 1.0 * 1.0 + 0.5 * -0.3 + 0.2 * -0.7 = 0.71；	1, 1	正確	1, -0.3, -0.7
3	1, -0.3, -0.7； 1.0, 0.7, 0.9； 1.0 * 1.0 + 0.7 * -0.3 + 0.9 * -0.7 = 0.16；	1, 0	錯誤	1, -1, -1.6

第 2 輪一開始使用的是第 1 輪結束之後的權重係數。在第 2 輪中模型對兩個訓練實例分類錯誤,因此權重係數發生 2 次更新。但是如下圖所示,第 2 輪結束之後的決策邊界和第 1 輪結束之後的決策邊界很類似:

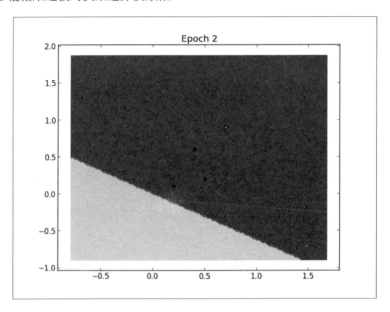

演算法在這一輪內沒有收斂,因此訓練繼續進行。下表描述了第 3 輪的情況:

實例	初始權重係數值; x; 啟動函數結果	預測值,目標值	是否正確	更新後的權重係數
0	0, -1, -1.6; 1.0, 0.2, 0.1; 1.0 * 0 + 0.2 * -1.0 + 0.1 * -1.6 = -0.36;	0, 1	錯誤	1, -0.8, -1.5
1	1, -0.8, -1.5; 1.0, 0.4, 0.6; 1.0 *1.0 + 0.4 * -0.8 + 0.6 * -1.5 = -0.22;	0, 1	錯誤	2, -0.4, -0.9
2	2, -0.4, -0.9; 1.0, 0.5, 0.2; 1.0 * 2.0 + 0.5 * -0.4 + 0.2 * -0.9 = 1.62;	1, 1	正確	2, -0.4, -0.9
3	2, -0.4, -0.9; 1.0, 0.7, 0.9; 1.0 * 2.0 + 0.7 * -0.4 + 0.9 * -0.9 = 0.91;	1, 0	錯誤	1, -1.1, -1.8

與上一輪相比，這一輪中感知器做了更多的錯誤預測。下圖描繪了第 **3** 輪結束之後的決策邊界。再次需要注意的是，由於權重係數在每個訓練實例被分類之後進行了更新，決策邊界發生了**變化**：

感知器在第 **4**、第 **5** 輪之後繼續更新權重係數，同時也繼續對訓練實例進行錯誤預測。在第 **6** 輪中，感知器對所有的訓練實例做出了**正確**的預測，此時感知器收斂於一個能夠區分兩種類別的權重係數集（a set of weights）。下表描述了第 **6** 輪內的情況：

實例	初始權重係數值；x；啟動函數結果	預測值，目標值	是否正確	更新後的權重係數
0	2, -1, -1.5； 1.0, 0.2, 0.1； 1.0 * 2 + 0.2 * -1 + 0.1 * -1.5 = 1.65；	1, 1	正確	2, -1, -1.5
1	2, -1, -1.5； 1.0, 0.4, 0.6； 1.0 * 2 + 0.4 * -1 + 0.6 * -1.5 = 0.70；	1, 1	正確	2, -1, -1.5
2	2, -1, -1.5； 1.0, 0.5, 0.2； 1.0 * 2 + 0.5 * -1 + 0.2 * -1.5 = 1.2；	1, 1	正確	2, -1, -1.5
3	2, -1, -1.5； 1.0, 0.7, 0.9； 1.0 * 2 + 0.7 * -1 + 0.9 * -1.5 = -0.05；	0, 0	正確	2, -1, -1.5

第 6 輪結束之後的決策邊界如下圖所示:

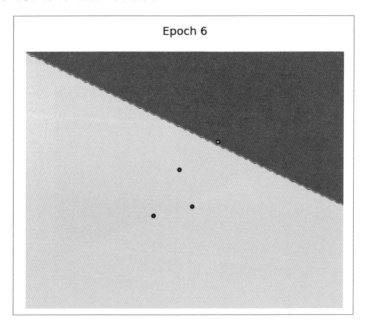

下圖展示了**前 5 輪**決策邊界的變化情況:

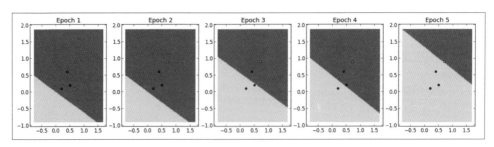

使用感知器進行文件分類

和其他估計器一樣，Perceptron 類別實作了 fit 方法和 predict 方法，同時可以透過建構子（constructor）指定超參數。Perceptron 類別還實作了 partial_fit 方法，該方法允許分類器進行增量訓練。

在下面的例子中，我們訓練一個感知器，對來自「20 Newsgroups 資料集」的文件進行分類。這個資料集包含了約 20,000 份文件樣本，這些文件樣本來自 20 個 Usenet 新聞群組（**譯者注**：Usenet 是一種分散式的網際網路交流系統；Usenet 包含眾多新聞群組，而這裡的「新聞」與傳統定義不同，「新聞」是指交流、資訊，而 Usenet 是新聞群組及其訊息的網路集合）。這個資料集經常被用於「文件分類」（document classification）和「分群實驗」（clustering experiments），scikit-learn 函式庫甚至提供了一個便捷函數用於下載和讀取資料集。我們將訓練一個感知器，對來自 3 個新聞群組的文件進行分類，它們分別是 rec.sports.hockey 新聞群組、rec.sports.baseball 新聞群組以及 rec.auto 新聞群組。感知器使用「一對全」（one-versus-all）的策略來為訓練資料中的每一個類別訓練分類器，以此來進行「多類別分類」。我們將文件表示為 tf-idf 加權的「詞袋」（bag-of-words）。在記憶體有限的環境中，可以結合使用 partial_fit 方法和 HashingVectorizer 類別，來訓練大型資料集或串流資料集：

```
# In[1]:
from sklearn.datasets import fetch_20newsgroups
from sklearn.feature_extraction.text import TfidfVectorizer
from sklearn.linear_model import Perceptron
from sklearn.metrics import f1_score, classification_report

categories = ['rec.sport.hockey', 'rec.sport.baseball',
  'rec.autos']
newsgroups_train = fetch_20newsgroups(subset='train',
  categories=categories, remove=('headers', 'footers', 'quotes'))
newsgroups_test = fetch_20newsgroups(subset='test',
  categories=categories, remove=('headers', 'footers', 'quotes'))

vectorizer = TfidfVectorizer()
X_train = vectorizer.fit_transform(newsgroups_train.data)
X_test = vectorizer.transform(newsgroups_test.data)
clf = Perceptron(random_state=11)
clf.fit(X_train, newsgroups_train.target )
predictions = clf.predict(X_test)
print(classification_report(newsgroups_test.target, predictions))
```

```
# Out[1]:
                precision      recall    f1-score     support

            0       0.81        0.92        0.86         396
            1       0.87        0.76        0.81         397
            2       0.86        0.85        0.86         399
avg / total         0.85        0.84        0.84        1192
```

首先我們使用 fetch_20newsgroups 函數下載和讀取資料集。和其他的內建資料集保持一致，這個函數也回傳一個包含 data、target 和 target_names 屬性的物件。同時我們指定移除文件的頁首、頁尾和引用部分。每個新聞群組在頁首和頁尾部分使用不同的約定格式，保留這些部分可以使手工分類文件變得簡單。我們使用 TfidfVectorizer 類別生成 tf-idf 向量來訓練感知器，並在測試資料集上對模型進行評估。在沒有超參數優化的情況下，感知器的平均準確率、召回率以及 F1 分數均為 0.84。

感知器的侷限性

感知器使用一個超平面（hyperplane）區分正向類別和負向類別。一個線性不可分的分類問題的簡單例子是「邏輯互斥或運算」（logical exclusive disjunction，或稱 **XOR**）。當一個輸入為 *1*，另一個輸入為 *0* 時，XOR 的輸出結果為 *1*，其餘情況輸出結果為 *0*。XOR 的輸入和輸出結果在二維平面上的繪圖結果如下圖所示。當 XOR 的輸出結果為 **1** 時，實例被標記為一個**圓形**；當 XOR 的輸出結果為 **0** 時，實例被標記為一個**菱形**：

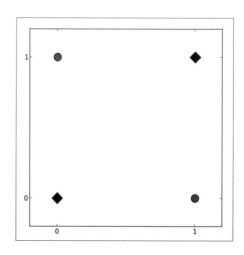

僅用一條直線並無法把圓形和菱形分開。假設實例是釘在一塊平板上的釘子。如果圍繞兩個正向類別實例拉長一條橡皮筋，同時圍繞兩個負向類別實例拉長一條橡皮筋，兩條橡皮筋會在平板中間發生交叉。這些橡皮筋代表**凸包**（convex hulls）或**包絡線**（Envelope），包絡線包含了「集合內的所有點」以及「在集合內**連接一對點的任何直線**上的所有點」。與在「低維度空間」中相比，特徵在「高維度空間」中的表示更有可能是線性可分的。例如：當使用「詞袋」這樣的高維度空間表示方法時，文本分類問題更趨近於線性可分。

在接下來的兩個章節中，我們將討論能夠用於對「線性不可分模型資料」進行建模的技巧。**第 1 個技巧**稱為**核心化**（kernelization），它將「線性不可分的資料」投影到能夠使其線性可分的高維度空間。核心化能夠用於許多模型（包括感知器），但是它與「支援向量機」尤其相關。我們將在下一章中討論「支援向量機」。**第 2 個技巧**是建立一個由感知器組成的**有向圖**（directed graph），最終形成的模型稱為**類神經網路**（Artificial Neural Network，**ANN**），它也是一個通用的函數逼近器（universal function approximator）。我們將在「第 12 章」中討論「類神經網路」。

小結

在本章中，我們討論了「感知器」。受神經細胞原理啟發的「感知器」是用於二元分類的線性模型。「感知器」透過處理實例特徵和權重係數的線性組合，並根據啟動函數的輸出結果，來對實例進行分類。雖然使用邏輯斯 S 型曲線啟動函數的「感知器模型」和「邏輯斯迴歸模型」相同，但是「感知器」在學習其權重係數時使用了一種線上的、錯誤驅動的演算法。「感知器」可以有效地應用於多種問題。和我們討論過的其他線性分類器一樣，「感知器」使用一個「超平面」，把實例分為正向類別和負向類別。然而一些資料集並不是線性可分的；也就是說，任何「超平面」都不能正確地將所有實例進行分類。

在後面的章節中，我們將討論兩個可以用於「線性不可分資料集」的模型：一、ANN，其透過由感知器所組成的「圖」來建立一個通用函數逼近器；二、支援向量機，將資料投影到更高維度空間使其變為線性可分。

11

從感知器到支援向量機

在前一章中，我們介紹了感知器，並描述為什麼它不能有效地對「線性不可分資料」進行分類。回想一下，當我們在討論「多元線性迴歸」時，遇到了一個類似的問題：我們需要檢測一個「反應變數」與「解釋變數」線性不相關的資料集。為了提升模型的準確率，我們介紹了被稱之為**多項式迴歸**（polynomial regression）的多元線性迴歸特殊形式。在建立了合成特徵（synthetic combinations of features）之後，便可以對「反應變數」及更高維度的特徵空間中的「特徵」之間的「線性關係」進行建模。

當使用「線性模型」逼近「非線性模型」時，增加特徵空間的維度雖然似乎是一種有效的技巧，然而它也帶來了兩個相關問題。第 1 個問題是計算能力：計算映射特徵（mapped features）和計算更大的向量會需要更多的計算能力。第 2 個問題涉及模型的一般化能力：增加特徵表示的維度會加劇「維數災難／維度詛咒」的程度。為了避免過度擬合，從高維度的特徵表示之中學習，所需要的「訓練資料」將會以指數的方式增長。

在本章中，我們將討論一種被稱作**支援向量機**（support vector machine，**SVM**）的強大判別模型，它可被用於「分類」與「迴歸」。首先，我們將重新考慮把「特徵」映射到更高維度的空間。接著，我們將討論「支援向量機」如何緩和從映射到高維度空間的資料中學習時，會遇到的計算問題和一般化問題。已經有很多書致力於描述「支援向量機」，同時描述用於「支援向量機」的最佳化演算法，這需要使用比前面章節更高級的數學方法。和前面章節中詳細解釋的簡單例子不同，我們將嘗試對「支援向量機」的工作方式建立一種符合直覺的理解，以便更有效率地使用 scikit-learn。

核心與核技巧

還記得「感知器」使用了「超平面」作為決策邊界，來區分正向實例與負向實例。決策邊界由以下公式所示：

$$f(x) = \langle w, x \rangle + b$$

使用以下公式進行預測：

$$h(x) = \text{sign}(f(x))$$

 請注意，我們之前將內積（inner product）$\langle w, x \rangle$ 表示為 wTx。為了與 SVM 中使用的符號慣例保持一致，我們將在本章中繼續使用前者。

儘管這超出了本章的範圍，但我們可以用另一種方式來表示模型。以下公式所表示的模型稱之為**對偶形式**（dual form），之前使用的表示方法則稱作**原始形式**（primal form）。

$$f(x) = \langle w, x \rangle + b = \sum \alpha_i y_i \langle x_i, x \rangle + b$$

「原始形式」和「對偶形式」之間最大的不同在於，「原始形式」計算了「模型參數」和「測試實例特徵向量」的內積，而「對偶形式」則計算了「訓練實例」和「測試實例特徵向量」的內積。很快我們就會利用「對偶形式」的這個特性來處理「線性不可分類別」。首先，我們需要形式化把特徵映射到更高維度空間的定義。

在「第 5 章」的「多項式迴歸」小節中，我們把特徵映射到了一個更高維度的空間，而在該空間中，「特徵」與「反應變數」線性相關。映射（mapping）透過建立原有特徵的「二次項」，來增加特徵的數量。這些合成特徵允許我們使用一個「線性模型」來表示一個「非線性模型」。總的來說，一個映射應該如下所示：

$$x \rightarrow \phi(x)$$
$$\phi : R^d \rightarrow R^D$$

下圖**左邊**的圖表示一個「線性不可分資料集」的原始特徵空間，**右邊**的圖表示在映射到一個更高維度空間之後，資料變得「線性可分」：

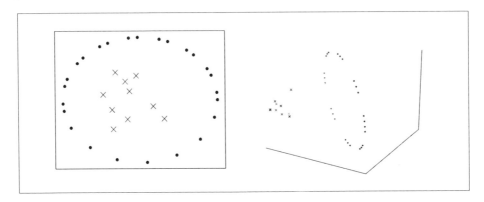

現在讓我們回到決策邊界的「對偶形式」，可以看到特徵向量只會出現在點積（dot product）之中。我們可以透過在「特徵向量」上執行映射，來把資料映射到一個更高維度的空間之中，如下所示：

$$f(x) = \sum \alpha_i y_i \langle x_i, x \rangle + b$$

$$f(x) = \sum \alpha_i y_i \langle \phi(x_i), \phi(x) \rangle + b$$

如前所述，映射操作讓我們可以表示更複雜的模型，但是也引入了計算問題和一般化問題。對特徵向量進行「映射」和計算特徵向量的「點積」需要大量的處理能力。

如上面的第二個公式所示，儘管我們把「特徵向量」映射到了一個更高維度的空間之中，「特徵向量」仍然只出現在點積計算之中。點積的計算結果是一個純量（scalar），一旦這個純量被計算出來，我們將不再需要映射後的「特徵向量」。如果能用一種不同的方法，求出與「映射後的向量點積」相同的純量，我們就能省去計算「點積」和對「特徵向量」進行映射的大量工作。

幸運的是，有一種叫**核技巧**（kernel trick）的方法。一個**核心**（kernel）是這樣的一種函數：只要給定了「原始特徵向量」，就能回傳與其對應的映射特徵向量「相同」的點積值。核心並不會直接把「特徵向量」映射到一個更高維度的空間，也不會計算「映射向量」的點積。「核心」透過一系列不同的操作來產出相同的值，這些操作通常可以得到更有效的計算。以下公式是對「核心」更加正式的定義：

$$K(x, z) = \langle \phi(x), \phi(z) \rangle$$

下面證明「核心」是如何工作的。假設我們有兩個特徵向量 x 和 z：

$$x = (x_1, x_2)$$
$$z = (z_1, z_2)$$

在模型中，我們希望使用如下公式將「特徵向量」映射到更高維度的空間：

$$\phi(x) = x^2$$

因此，映射的常態化特徵向量（mapped, normalized feature vectors），其點積如下所示：

$$\langle \phi(x), \phi(z) \rangle = \langle (x_1^2, x_2^2, \sqrt{2}x_1x_2), (z_1^2, z_2^2, \sqrt{2}z_1z_2) \rangle$$

以下公式所定義的「核心」，能產出和「映射特徵向量的點積」相等的值：

$$K(x, z) = \langle x, z \rangle^2 = (x_1z_1 + x_2z_2)^2 = x_1^2z_1^2 + 2x_1z_1x_2z_2 + x_2^2z_2^2$$

$$K(x, z) = \langle \phi(x), \phi(z) \rangle$$

我們使用真實值，讓下面的範例更有說服力：

$$x = (4, 9)$$
$$z = (3, 3)$$
$$K(x, z) = 4^2 \times 3^2 + 2 \times 4 \times 3 \times 9 \times 3 + 9^2 \times 3^2 = 1521$$
$$\langle \varnothing(x), \varnothing(z) \rangle = \left\langle \left(4^2, 9^2, \sqrt{2} \times 4 \times 9\right), \left(3^2, 3^2, \sqrt{2}, \times 3 \times 3\right) \right\rangle = 1521$$

核函數 *K(x, z)* 產生了與映射向量點積 $\langle \phi(x), \phi(z) \rangle$ 計算結果相等的值，但它並沒有明確地把「特徵向量」映射到高維度空間，且只需要相對較少的數學運算。這個範例只使用了二維向量。然而即便只有少量特徵的資料集也會產生巨大維度的映射特徵空間。scikit-learn 提供了一些常用的核函數，包括多項式核心、S 型核心、高斯核心以及線性核心。多項式核心（polynomial kernel）的公式如下所示：

$$K\left(x, x'\right) = \left(\gamma \left\langle x - x' \right\rangle + r\right)^{k}$$

平方核心（quadratic kernel 或 *k* 等於 *2* 的多項式核心）經常被用於自然語言處理。S 型核心（sigmoid kernel）的公式如下所示。γ 和 *r* 都是能在交叉驗證中進行微調的超參數。

$$K\left(x, x'\right) = \tanh\left(\gamma \left\langle x - x' \right\rangle + r\right)$$

對於需要使用非線性模型處理的問題來說，高斯核心（Gaussian kernel）是第一優先選擇。高斯核心是一個**徑向基底函數**（radial basis function）。在「映射特徵向量空間」之中作為決策邊界的「超平面」，與「原空間」之中作為決策邊界的「超平面」類似。由高斯核心產出的特徵空間可以擁有無限維度，這是其他特徵空間不可能具有的特性。高斯核函數的定義如下所示：

$$K\left(x, x'\right) = \exp\left(-\gamma \,|\, x - x' \,|^{2}\right)$$

使用 SVM 時，對特徵進行縮放是很重要的，但是在使用高斯核心時，特徵縮放卻更重要。選擇核函數是非常具有挑戰性的。在理想情況下，一個核函數能透過某種對任務有效的方式，來衡量實例之間的相似性。雖然核函數經常和 SVM 一起使用，但是它也能和「任何能夠被表示為兩個特徵向量點積的模型」一起使用，包括邏輯斯迴歸、感知器以及**主成分分析**（principal component analysis，**PCA**）。在下一小節中，我們將解決由映射到高維度空間所帶來的第 **2** 個問題：一般化（generalization）。

最大化分類邊界和支援向量

下圖描繪了 2 個線性可分類的實例，以及 3 個可能的決策邊界。所有的決策邊界都區分了訓練實例中的「正向類別」和訓練實例中的「負向類別」，且一個感知器可以藉由學習產生任一決策邊界。在測試資料上，哪一個決策邊界可能會有最佳表現呢？

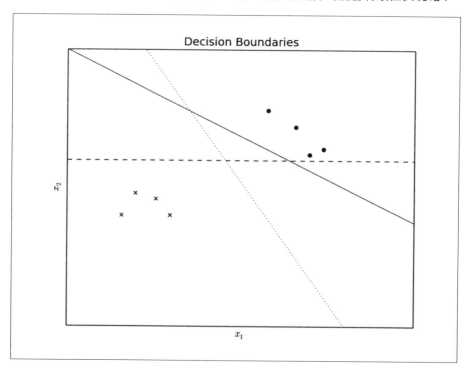

從上圖可以看出，根據直覺，**點線**決策邊界（dotted decision boundary）應該是最佳的。**實線**的決策邊界太靠近正向類別實例。如果「測試集」中包含一個略小於第一個解釋變數 x_1 的正向類別實例，這個實例很可能會被錯誤分類。**虛線**的決策邊界距離大多數的訓練實例太遠，但是卻很靠近一個正向類別實例和一個負向類別實例。

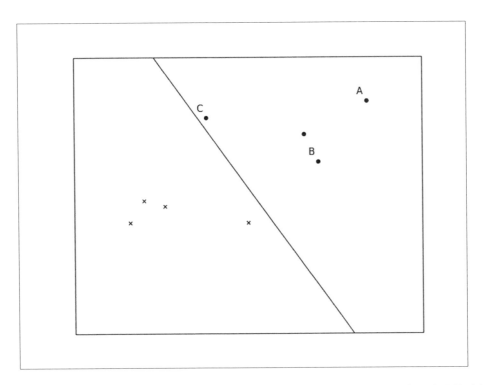

上圖提供了另外一種不同的角度,來評估決策邊界。假設圖中的線是一個邏輯斯迴歸分類器的決策邊界。**標記為 A** 的實例**遠離**決策邊界,它有很高的機率被預測為正向類別。**標記為 B** 的實例仍然被預測為屬於正向類別,但實例越靠近決策邊界,被預測為正向類別的機率就越**低**。最後,**標記為 C** 的實例有很**低**的機率會被預測為正向類別,即使是訓練資料的一個微小變化,也會導致預測類別發生變化。最可信的預測是**遠離**決策邊界的訓練實例,因此,我們可以使用其函數邊界(functional margin)來評估預測的可信度。訓練集的函數邊界如下所示:

$$funct = \min \ y_i f(x_i)$$
$$f(x) = \langle w, x \rangle + b$$

在這裡，y_i 是實例的真實類別。實例 A 的函數邊界很**大**，實例 C 的函數邊界很**小**。如果 C 分類錯誤，函數邊界將為負值。函數邊界等於 1 的實例被稱為支援向量（support vectors）。這些實例足以用來定義決策邊界，因此不需要使用其他實例來對測試實例進行預測。與函數邊界相關的有「幾何邊界」（geometric margin），或支援向量的最大寬度。「幾何邊界」等於常態化函數邊界（normalized functional margin），由於函數邊界能透過 w 進行縮放（這對於訓練來說是一個問題），對函數邊界進行常態化是必要的。當 w 是一個單位向量（unit vector）時，「幾何邊界」等於函數邊界。我們可以將「最佳決策邊界」正式定義為具有「最大幾何邊界」的決策邊界。可以透過以下的約束最佳化問題（constrained optimization problem），求解「最大化」幾何邊界的模型參數：

$$min \frac{1}{2} \langle w, w \rangle$$

$$\text{subject to: } y_i(\langle w, x_i \rangle + b) \geq 1$$

一個 SVM 的有用特性，即這個最佳化問題是一個「凸（convex）最佳化」問題，它的局部最小值也是全域最小值。雖然其證明過程超出了本書的範圍，但是前面提到的最佳化問題，可被表示為模型的「對偶形式」，以適應「核函數」，如下所示：

$$W(\alpha) = \sum_i \alpha_i - \frac{1}{2} \sum_{i,j} \alpha_i \alpha_j y_i y_j K(x_i, x_j)$$

$$\text{subject to: } \sum_{i=1}^{n} y_i \alpha_i = 0$$

$$\text{subject to: } \alpha_i \geq 0$$

找到讓「幾何邊界」最大化的參數是一個二次規劃（quadratic programming）問題，該問題通常使用**序列最小優化演算法**（Sequential Minimal Optimization，**SMO**）解決。SMO 演算法將「最佳化問題」分解成為一系列盡可能最小的子問題，然後可以被分析解決。

使用 scikit-learn 分類字元

讓我們將 SVM 應用於一個分類問題。近年來，SVM 已經成功地被應用於字元識別
（character recognition）任務之中。對於一張影像，分類器必須預測影像描繪的字
元。字元識別是許多光學字元辨識系統的一個元件。當原始像素強度作為特徵使用
時，即使是很小的影像也需要進行高維度表示。如果類別線性不可分，必須要映射
到更高維度空間，特徵空間的維度會變得更大。幸運的是，SVM 非常適合有效地處
理這些資料。首先我們將使用 scikit-learn 訓練一個 SVM 來識別手寫數字。然後我
們將解決一個更具挑戰性的問題：識別照片中出現的字母數字字元（alphanumeric
characters）。

手寫數字分類

MNIST 資料集（Mixed National Institute of Standards and Technology 資料庫的簡
稱）是一個包含 70,000 張手寫數字影像的集合，這些數字樣本來自美國人口普查局的
員工以及美國高中學生所書寫的文件。這些影像是灰階影像，尺寸為 **28** 像素 ×**28** 像
素。讓我們使用以下程式碼查看其中的一些影像：

```
# In[1]:
import matplotlib.pyplot as plt
from sklearn.datasets import fetch_mldata
import matplotlib.cm as cm

mnist = fetch_mldata('MNIST original', data_home='data/mnist')

counter = 1
for i in range(1, 4):
    for j in range(1, 6):
        plt.subplot(3, 5, counter)
        plt.imshow(mnist.data[(i - 1) * 8000 + j].reshape((28,
          28)), cmap=cm.Greys_r)
        plt.axis('off')
        counter += 1
plt.show()
```

首先我們載入了資料。scikit-learn 函式庫提供了便捷函數 `fetch_mldata`，當磁碟中沒有儲存資料集時，其可被用於下載資料集，並將資料集讀取到一個物件之中。接著，我們為數字 0、1 和 2 建立了一個包含 **5** 個實例的子圖。程式碼執行的結果如下圖所示：

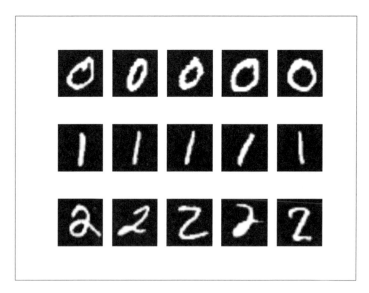

MNIST 資料集被分為一個包含 60,000 張影像的**訓練集**和一個包含 10,000 張影像的**測試集**。該資料集經常被用於評估各式各樣的機器學習模型，它非常受歡迎的原因是幾乎不需要進行任何預處理工作。讓我們使用 scikit-learn 建立一個分類器，它能預測影像中所描繪的數字：

```
# In[2]:
from sklearn.pipeline import Pipeline
from sklearn.preprocessing import scale
from sklearn.model_selection import train_test_split
from sklearn.svm import SVC
from sklearn.model_selection import GridSearchCV
from sklearn.metrics import classification_report

if __name__ == '__main__':
    X, y = mnist.data, mnist.target
    X = X/255.0*2 - 1
    X_train, X_test, y_train, y_test = train_test_split(X, y,
        random_state=11)
```

```
pipeline = Pipeline([
    ('clf', SVC(kernel='rbf', gamma=0.01, C=100))
])

parameters = {
    'clf__gamma': (0.01, 0.03, 0.1, 0.3, 1),
    'clf__C': (0.1, 0.3, 1, 3, 10, 30),
}

grid_search = GridSearchCV(pipeline, parameters, n_jobs=2,
    verbose=1, scoring='accuracy')
grid_search.fit(X_train[:10000], y_train[:10000])
print('Best score: %0.3f' % grid_search.best_score_)
print('Best parameters set:')
best_parameters = grid_search.best_estimator_.get_params()
for param_name in sorted(parameters.keys()):
    print('\t%s: %r' % (param_name,
        best_parameters[param_name]))

predictions = grid_search.predict(X_test)
print(classification_report(y_test, predictions))
```

```
# Out[2]:
Fitting 3 folds for each of 30 candidates, totalling 90 fits
[Parallel(n_jobs=2)]: Done  46 tasks       | elapsed: 54.0min
[Parallel(n_jobs=2)]: Done  90 out of  90 | elapsed: 101.9min
finished
Best score: 0.965
Best parameters set:
  clf__C: 3
 clf__gamma: 0.01
             precision    recall  f1-score   support
        0.0       0.98      0.98      0.98      1770
        1.0       0.99      0.98      0.98      1987
        2.0       0.95      0.97      0.96      1738
        3.0       0.96      0.96      0.96      1808
        4.0       0.97      0.98      0.97      1703
        5.0       0.96      0.96      0.96      1549
        6.0       0.98      0.98      0.98      1677
        7.0       0.98      0.96      0.97      1827
        8.0       0.96      0.95      0.96      1701
        9.0       0.96      0.96      0.96      1740

avg / total       0.97      0.97      0.97     17500
```

程式碼在「網格搜尋」的過程中將會建立額外的過程,這要求程式碼從 __main__ 程式碼區塊開始執行。首先,我們對特徵進行了縮放,讓每個特徵都在原點附近。接著,我們將預處理的資料分為訓練集和測試集,然後我們實體化 SVC 物件,即支援向量分類器。SVC 建構子有 kernel、gamma 和 C 關鍵字參數。kernel 關鍵字參數指明了需要使用的核心。scikit-learn 提供了「線性核函數」、「多項式核函數」、「S 型曲線核函數」以及「徑向基底核函數」的實作。當使用「多項式核函數」的時候應該同時設置關鍵字參數 degree。參數 C 控制正規化,它和我們在邏輯斯迴歸中所使用的 lambda 超參數類似。關鍵字參數 gamma 是「S 型曲線核函數」、「多項式核函數」以及「RBF 核函數」的核心係數。設置這些超參數是很有挑戰性的,因此我們透過「網格搜尋」來進行微調。最好的模型的 F1 分數是 0.97,而在前 10,000 多個實例上進行訓練時,這個得分還會繼續增加。

自然影像字元分類

現在讓我們來嘗試一個更具挑戰的問題。我們將對自然影像中的字母數字字元進行分類。**Chars74K** 資料集包含超過 74,000 張影像,其中包括數字 0 到 9 以及英語大小寫字母的字元。下圖是 3 個小寫字母 **z** 的例子。可以從這裡下載 Chars74K 資料集:http://www.ee.surrey.ac.uk/CVSSP/demos/chars74k/。

該集合由幾種類型的影像組成。我們將使用 7,705 張字元影像,這些影像取樣來自印度班加羅爾拍攝的街景照片。和 MNIST 資料集不同,Chars74K 資料集中的這些影像,其所描繪的字元在字體、顏色和擾動(perturbation)上各不相同。在解壓縮之後,我們將使用 English/Img/GoodImg/Bmp/ 目錄下的檔案:

```
# In[1]:
import os
import numpy as np
from sklearn.pipeline import Pipeline
from sklearn.svm import SVC
from sklearn.model_selection import train_test_split
from sklearn.grid_search import GridSearchCV
from sklearn.metrics import classification_report
from PIL import Image


X = []
y = []
for path, subdirs, files in os.walk('data/English/Img/GoodImg/Bmp/'):
    for filename in files:
        f = os.path.join(path, filename)
        target = filename[3:filename.index('-')]
        img = Image.open(f).convert('L').resize((30, 30),
          resample=Image.LANCZOS)
        X.append(np.array(img).reshape(900,))
        y.append(target)
X = np.array(X)
```

首先我們載入了資料，並使用 Pillow 函式庫將影像轉換為灰階影像。和前面的例子一樣，我們將程式碼包裹在 main 模組中，以便在「網格搜尋」的過程中建立額外的過程。和 MNIST 資料集不同，Chars74K 資料集中的影像並沒有固定的維度，因此我們將影像大小調整為每邊 30 像素。最後，我們將影像轉換為一個 NumPy 陣列：

```
In[2]:
X_train, X_test, y_train, y_test = train_test_split(X, y, test_
size=.1,
random_state=11)
pipeline = Pipeline([
    ('clf', SVC(kernel='rbf', gamma=0.01, C=100))
])
parameters = {
    'clf__gamma': (0.01, 0.03, 0.1, 0.3, 1),
    'clf__C': (0.1, 0.3, 1, 3, 10, 30),
}

if __name__ == '__main__':
    grid_search = GridSearchCV(pipeline, parameters, n_jobs=3,
      verbose=1, scoring='accuracy')
    grid_search.fit(X_train, y_train)
```

```
    print('Best score: %0.3f' % grid_search.best_score_)
    print('Best parameters set:')
    best_parameters = grid_search.best_estimator_.get_params()
    for param_name in sorted(parameters.keys()):
        print('\t%s: %r' % (param_name,
            best_parameters[param_name]))
    predictions = grid_search.predict(X_test)
    print(classification_report(y_test, predictions))

# Out[2]:
todo
```

正如 MNIST 的例子所示，我們使用「網格搜尋」對模型的超參數進行微調。GridSearchCV 類別在所有的訓練資料上使用「最好的超參數設置」來重新訓練模型。接著我們將在測試資料上評估模型。很明顯這是一個比 MNIST 數字分類更具挑戰性的任務；字元在外觀上各不相同，且由於影像是從照片之中取樣而來，並非來自掃描文件，字元的擾動更加劇烈。此外，與 MNIST 資料集相比，Chars74K 資料集的每一個類別可訓練的實例更少。除去這些挑戰，這個分類器的表現依然很不錯。透過增加訓練資料，對影像進行不同的預處理，或者使用更加細緻的特徵表示，都能提升模型的效能。

小結

在本章中，我們討論了支援向量機 SVM，一種可用於分類任務和迴歸任務的強大模型。SVM 可以將「線性不可分類的特徵」有效地映射到「更高維度的空間」之中。SVM 也可以將邊界最大化，邊界的定義是「決策邊界」與「最接近的訓練實例」之間的距離。在下一章中，我們將討論被稱作 ANN 的模型。和 SVM 一樣，它們都以擴展感知器的方式，來突破感知器的侷限。

12

從感知器到類神經網路

在「第 10 章」中，我們介紹了感知器，一種用於二元分類的線性模型。我們學到，感知器並不是一種通用的函數逼近器，它的決策邊界必須是一個超平面。在「第 11 章」中，我們介紹了 SVM，它透過使用核函數，將「特徵表示」映射到可能會使分類線性可分的「更高維度空間」之中，克服了感知器的一些侷限。在本章中，我們將討論 ANN，這是一種可用於「監督式任務」和「非監督式任務」的強大非線性模型，它使用一種不同的策略，來克服感知器的侷限。若將感知器比喻為神經元，那麼 ANN 或神經網路（**neural net**）就像是大腦。正如人類的大腦是由數十億個神經元和數萬億個突觸所組成一樣，一個 ANN 是由人工神經元（artificial neurons）所組成的有向圖（directed graph）。圖的「邊」表示權重，這些權重都是模型需要學習的參數。

本章將提供一個關於「小型前饋式類神經網路」（small, feed-forward artificial neural networks）結構與訓練的概述。scikit-learn 函式庫實作了用於分類、迴歸和特徵提取的神經網路。然而，這些實作僅適用於「小型網路」。訓練一個神經網路需要消耗大量的計算能力；在實踐中，大多數的神經網路使用包含上千個平行處理核心的 GPU（圖形處理器）進行訓練。scikit-learn 不支援 GPU，且在近期也沒有支援的打算。GPU 加速還不成熟，但正在迅速地發展中；若在 scikit-learn 中提供對 GPU 的支援，將會增加許多依賴關係，而這與 scikit-learn 專案的目標『輕鬆在各種平台上安裝』是有所衝突的。另外，其他機器學習演算法很少需要使用 GPU 加速來達到與神經網路相同的程度。訓練神經網路最好使用專門的函式庫，例如：**Caffe**、**TensorFlow** 和 **Keras**，而非使用像 scikit-learn 這樣的通用機器學習函式庫。

雖然我們不會使用 scikit-learn 來訓練用於物件辨識（object recognition）的深度**卷積神經網路**（Convolutional Neural Networks，**CNN**）或用於語音辨識（speech recognition）的遞迴網路（recurrent networks），理解將要訓練的小型網路的原理，對於這些任務來說卻是重要的先決條件。

非線性決策邊界

回顧「第 10 章」，雖然一些布林函數（如 **AND**、**OR** 和 **NAND**）可以用感知器來逼近，線性不可分函數 **XOR** 卻不能，如下圖所示：

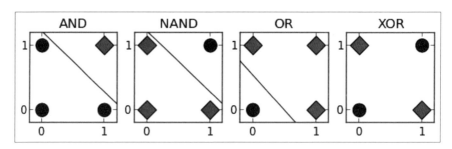

讓我們回顧「**XOR 函數**」的更多細節，來建立關於 ANN 能力的直覺。與「**AND 函數**」（當輸入都等於 1 時輸出才等於 1）以及「**OR 函數**」（當輸入至少有一個等於 1 輸出才等於 1）不同，只有當一個輸入等於 1 時，「**XOR 函數**」的輸出才等於 1。當兩個條件都為真時，我們可以將「**XOR 函數**」的輸出看作 **1**。**第 1 個條件**是至少有一個輸出項等於 1，這個條件和「**OR 函數**」的測試條件相同。**第 2 個條件**是輸入項不能都等於 1，這個條件和「**NAND 函數**」的測試條件相同。我們可以透過將輸入項同時使用「**OR 函數**」和「**NAND 函數**」處理，然後使用「**AND 函數**」來驗證兩個函數的輸出結果是否都等於 1，來得到「**XOR 函數**」的處理輸出結果。也就是說，「**OR 函數**」、「**NAND 函數**」和「**AND 函數**」可以透過組合得到和「**XOR 函數**」相同的輸出結果。

A	B	A AND B	A NAND B	A OR B	A XOR B
0	0	0	1	0	0
0	1	0	1	1	1
1	0	0	1	1	1
1	1	1	0	1	0

上表提供了輸入 **A** 和輸入 **B** 之於「**XOR** 函數」、「**OR** 函數」、「**AND** 函數」和「**NAND** 函數」的真實值。從這個表格中我們可以驗證輸入 **A** 和輸入 **B** 經過「**OR** 函數」的輸出和「**NAND** 函數」的輸出再經過「**AND** 函數」處理的輸出結果,這與直接經過「**XOR** 函數」處理的輸出結果是相同的,如下表所示:

A	B	A OR B	A NAND B	(A OR B) AND (A NAND B)
0	0	0	1	0
0	1	1	1	1
1	0	1	1	1
1	1	1	0	0

我們不會嘗試使用單一感知器來表示「**XOR** 函數」,我們將使用多個人工神經元建立一個 ANN,其中每個人工神經元都將逼近一個線性函數。每一個實例的特徵表示將會是一個對應兩個神經元的輸入項:一個神經元將表示「**NAND** 函數」,另一個神經元則表示「**OR** 函數」。這兩個神經元的輸出結果將會由第 3 個表示「**AND** 函數」的神經元接收,它用來測試所有 **XOR** 的條件都為真。

前饋式類神經網路和回饋式類神經網路

ANN 可以由 3 個關鍵元件來描述。第 **1** 個關鍵元件是模型的**架構**(architecture)或**拓撲**(topology),它描述了神經元的類型與神經元之間的連接結構。第 **2** 個關鍵元件是人工神經元使用的**啟動函數**。第 **3** 個關鍵元件是找出權重最佳值的**學習演算法**。

ANN 主要有兩種類型。**前饋式類神經網路**(feed-forward neural networks)是最常見的類型,它透過「有向無環圖」(directed acyclic graphs)來定義。在「前饋式類神經網路」中,資訊只在一個方向上朝著「輸出層」進行傳遞。反之,**回饋式類神經網路**(feedback neural networks)或**遞迴類神經網路**(recurrent neural networks)包含迴圈/循環(cycles)。「回饋迴圈」可以表示網路的一種內部狀態,基於本身的輸入,它會導致網路的行為隨著時間推移而發生變化。「前饋式類神經網路」經常用於學習一個將「輸入」映射到「輸出」的函數。例如:一個「前饋式類神經網路」可以被用於識別一張照片中的物件,或預測一個 SaaS 產品的訂閱使用者流失的可能性。「回饋式類神經網路」的時間行為(temporal behavior)使其適合用於處理「輸入」序列。「回饋式類神經網路」已被用於在兩種語言之間翻譯文件和自動轉錄演講。因

為「回饋式類神經網路」沒有在 scikit-learn 之中實作，我們將把討論的話題僅限於「**前饋式**類神經網路」。

多層感知器

多層感知器（multi-layer perceptron）是一個簡單的 ANN。然而，它的名字是一種誤稱。「多層感知器」並不是每一層只包含單一感知器的多層結構，而是一個像感知器一樣的多層人工神經元結構。「多層感知器」包含 3 層或者更多層人工神經元，這些神經元形成了「有向無環圖」。一般來說，每一層和後面的層都是**完全連接**（fully connected），一個層中的每個人工神經元的輸出項或啟動項（**activation**），都是下一層中每個人工神經元的輸入項。特徵透過**輸入層**（Input layer）進行輸入。輸入層中的簡單神經元至少和一個**隱藏層**（Hidden layer）連接。隱藏層表示「潛在變數」（latent variables），這些變數在訓練資料中無法被觀察到。隱藏層中的隱藏神經元通常被稱作「隱藏單元」（hidden units）。最後一個隱藏層和一個**輸出層**（Output layer）連接，該層的啟動項是反應變數的預測值。下圖描述了一個包含 3 層感知器的多層感知器結構。標有 **+1** 的神經元是常數偏誤神經元（constant bias neurons），在大多數的架構圖中並不會出現。這個神經網路有 **2** 個**輸入**神經元、**3** 個**隱藏**神經元以及 **2** 個**輸出**神經元。

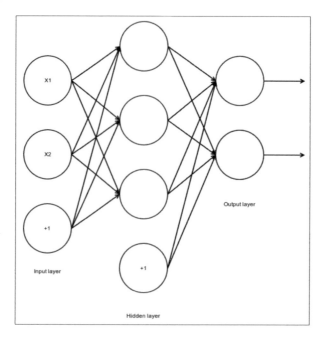

「輸入層」（Input layer）並不包含在神經網路的層數計算之中，但 `MLPClassifier.n_layers_` 屬性的計數會包含「輸入層」。

回顧「第 10 章」，一個感知器包括一個或多個二元輸出、一個二元輸出以及一個 Heaviside step activation function（希柏塞德階梯啟動函數）。感知器「權重」的微小變化對其「輸出」可能沒有影響，但也可能導致「輸出」從 1 變成 0（或從 0 變成 1）。這個特性將導致我們改變神經網路的權重時難以理解其效能變化。正因如此，我們將使用一種不同類型的神經元來建立 MLP。一個 **S 型曲線神經元**（sigmoid neuron）包含一個或多個實值輸入和一個實值輸出，它使用一個 S 型曲線啟動函數。如下圖所示，一個 S 型曲線啟動函數是階梯函數的平滑版本（smoothed version），它在極端值（extreme values）區間內逼近一個階梯函數，但是可以輸出 0 到 1 之間的任何值。這讓我們理解「輸入項的變化」如何影響「輸出項」。

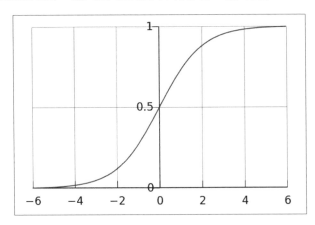

訓練多層感知器

在本節內容中，我們將討論如何訓練一個多層感知器。回顧「第 5 章」，我們可以使用「梯度下降法」，將一個包含許多變數的實值函數 C 最小化。假設 C 是一個包含兩個變數 v_1 和 v_2 的函數。為了理解如何透過改變「變數」來使 C 最小化，我們需要一個「變數」上的小變化來產生「輸出」上的一個小變化。我們將 v_1 值的一個變化表示為 Δv_1，v_2 值的一個變化表示為 Δv_2，C 值的一個變化表示為 ΔC。「ΔC」和「變數變化」之間的關係如下所示：

$$\Delta C \approx \frac{\partial C}{\partial v_1} \Delta v_1 + \frac{\partial C}{\partial v_2} \Delta v_2$$

$\frac{\partial C}{\partial v_1}$ 表示 C 對於 v_1 的偏導數（partial derivative）。為了方便，我們將 Δv_1 和 Δv_2 表示為一個向量：

$$\Delta v = (\Delta v_1, \Delta v_2)^T$$

我們也將把「C 對每個變數的偏導數」表示為 C 的梯度向量 ∇C，如下所示：

$$\Delta C = \left(\frac{\partial C}{\partial v_1}, \frac{\partial C}{\partial v_2} \right)^T$$

我們可以將 ΔC 的公式重寫為：

$$\Delta C = \nabla C \Delta v$$

在每次迭代中，ΔC 應該為**負數**，才能減少成本函數的值。為了保證 ΔC 為**負數**，我們將 Δv 設為：

$$\Delta v = -\eta \nabla C$$

在這裡，η 是一個稱為**學習速率**（learning rate）的超參數。讓我們替換 Δv，以明確 ΔC 為什麼是**負數**：

$$\Delta v = -\eta \nabla C \bullet \nabla C$$

∇C 的平方總是**大於 0**，我們將其乘以「學習速率」，並對乘積求反（negate the product）。

在每一次迭代中，我們都將計算 C 的梯度 ∇C，並更新變數，在下降最快的方向上邁出一步。為了訓練多層感知器，我們省略了一個重要的細節：我們該如何理解，「隱藏單元」權重的變化是如何影響「成本函數」的？更具體地說，關於連接「隱藏層」的權重，我們該如何計算「成本函數」的偏導數？

反傳遞

我們了解到，「梯度下降法」透過計算函數的「梯度」並使用「梯度」來更新函數的參數，來迭代地將函數最小化。為了最小化「多層感知器」的成本函數，我們需要計算其「梯度」。還記得「多層感知器」包含能夠代表潛在變數的單元層。我們不能使用成本函數計算它們的誤差（errors）。訓練資料表明了整個網路的期望輸出，但是沒有描述「隱藏單元」應該如何影響輸出結果。由於我們不能計算「隱藏單元」的誤差，我們無法計算它們的「梯度」或更新他們的「權重」。對於該問題，一種簡單的解決方法是隨機修改「隱藏單元」的「梯度」。如果一個「梯度」的隨機變化能減少成本函數值，則該「權重」會被更新，同時評估另一個變化。但即便是普通的網路，這個方法對計算能力的消耗都是非常巨大的。本小節將描述一種更加有效的解決方法：使用**反傳遞演算法**（backpropagation algorithm，或 backprop）計算「神經網路成本函數」相對於其每一個權重的「梯度」。反傳遞法允許我們理解每個「權重」如何影響誤差，以及如何更新「權重」來最小化成本函數。

這個演算法的名字是反向／向後（backward）和傳遞／傳播（propagation）的混成詞，它代表當計算「梯度」時，誤差穿過（flow through）網路層的方向。反傳遞法經常和最佳化演算法（如梯度下降法）聯合使用來訓練「前饋式類神經網路」。理論上來說，它能用於訓練「前饋式網路」，其中任何數量的「隱藏單元」以任意層數排列。

和「梯度下降法」一樣，反傳遞法是一種迭代演算法，每次迭代包含兩個階段。**第 1 個階段**是「向前（forward）傳遞」或「向前傳播」。在「向前傳遞」階段，輸入通過網路的神經元層「向前傳遞」直到它們到達輸出層。接著可以用「損失函數」計算預測的誤差。**第 2 個階段**是「向後傳遞」階段。誤差從「成本函數」向輸入傳遞，以便每個神經元對於誤差的貢獻都能被估計。該過程基於「連鎖律」（chain rule），其能夠用於計算兩個或更多函數組合的導數。我們在前面已經證明了神經網路可以透過組合「線性函數」來逼近「複雜的非線性函數」。這些誤差接下來可被用於計算「梯度下降法」需要用於更新權重的梯度值。當「梯度」完成更新之後，特徵可以再次通過網路「向前傳遞」，開始下一次的迭代。

「連鎖律」（chain rule）可被用來計算兩個或者多個函數組合的導數。假設變數 z 依賴於 y，而 y 依賴於 x。z 之於 x 的導數可被表示為：$\dfrac{dz}{dx} = \dfrac{dz}{dy} \cdot \dfrac{dy}{dx}$。

為了「**向前傳遞**」穿過網路，我們計算一個層中「神經元的啟動項（activations）」，同時將「啟動項」作為下一層中與之連接的神經元的「輸入項」。為了完成這些工作，我們首先需要計算網路層中「每個神經元的預啟動項（preactivation）」。還記得一個神經元的「預啟動項」是其「輸入項」與「權重」的線性組合。接著，透過將其「啟動函數」應用於其「預啟動項」上來計算出其「啟動項」。該層的「啟動項」會成為網路中下一層的「輸入項」。

為了「**反傳遞**」穿過網路，我們首先計算出成本函數「針對最後隱藏層的每一個啟動項」的偏導數。接著，我們計算最後隱藏層的啟動項「針對其預啟動項」的偏導數。接下來，計算最後隱藏層的預啟動項「針對其權重」的偏導數，如此反覆，直到到達「輸入層」。經過這個過程，我們逼近了每個神經元對於誤差的貢獻，然後我們計算必要的「梯度」，以更新其「權重」並最小化「成本函數」。更具體地說，對於每一層中的每一個單元，我們必須計算**兩個偏導數**。**第一個**是誤差「針對單元啟動項」的偏導數。該導數不用於更新單元的權重，反之，它用於更新與該單元相連接的「前面一層」中的單元權重。**第二個**，我們將計算誤差「針對該單元權重」的偏導數，以便更新權重值和最小化成本函數。接下來讓我們看看一個例子。我們將訓練一個神經

網路，它包含了：兩個輸入單元、一個包含兩個隱藏單元的隱藏層，以及一個輸出單元，其架構圖如下圖所示：

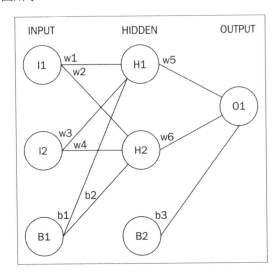

讓我們假設權重的初始值如下表所示：

Weight	Value
w_1	0.4
w_2	0.3
w_3	0.8
w_4	0.1
w_5	0.6
w_6	0.2
b_1	0.5
b_2	0.2
b_3	0.9

特徵向量是 **[0.8, 0.3]**，反應變數的真實值是 **0.5**。讓我們計算第一次向前傳遞的值，從隱藏單元 h_1 開始。首先計算 h_1 的預啟動項，接著將邏輯斯 S 型曲線函數應用於「預啟動項」，來計算啟動項：

$$pre_{h_1} = w_1 i_1 + w_3 i_2 + b_1$$

$$pre_{h_1} = 0.4 \times 0.8 + 0.8 \times 0.3 + 0.5 = 1.06$$

$$act_{h_1} = \frac{1}{1 - e^{-h1_{pre}}} = 0.743$$

我們可以使用同樣的過程計算 h_2 的啟動項，計算結果為 **0.615**。接著將隱藏單元 h_1 和 h_2 的啟動項作為輸出層的輸入項，類似地計算出 o_1 的啟動項，計算結果為 **0.813**。現在我們可以計算網路預測的誤差。對於這個網路，我們將使用平方誤差成本函數，公式如下：

$$E = \frac{1}{2} \sum_{i=1}^{n} \left(y_i - \hat{y}_i \right)^2$$

在這裡，n 是輸出單元的數量，$\hat{y}_i$ 是輸出神經元 o_i 的啟動項，y_i 是反應變數的真實值。我們的網路只有一個輸出單元，因此 n 等於 1。網路的預測值是 **0.813**，反應變數的真實值是 **0.5**，因此誤差是 **0.313**。現在我們可以更新權重 w_5。

首先計算 $\frac{\partial E}{\partial w_5}$，或者說改變 w_5，看它如何影響誤差。根據連鎖律，$\frac{\partial E}{\partial w_5}$ 等於：

$$\frac{\partial E}{\partial w_5} = \frac{\partial E}{\partial act_{o_1}} \cdot \frac{\partial act_{o_1}}{\partial pre_{o_1}} \cdot \frac{\partial pre_{o_1}}{\partial w_5}$$

也就是說，透過回答這 3 個問題，我們可以逼近「誤差變化」與 w_5 之間的關聯：

- o_1 的啟動項的變化，能對誤差造成多大影響？
- o_1 預啟動項的變化，能對啟動項 o_1 造成多大影響？
- 權重 w_5 的變化，能對預啟動項 o_1 造成多大影響？

接著，我們將從 w_5 中減去「我們的學習速率和 $\frac{\partial E}{\partial w_5}$ 的乘積」來更新權重。透過逼近「誤差變化」和啟動項 o_1 之間的關聯來回答第 1 個問題。成本函數「針對輸出單元啟動項」的偏導數如下所示：

$$\frac{\partial E}{\partial act_{o_1}} = -\left(y_1 - act_{o_1}\right)$$

$$\frac{\partial E}{\partial act_{o_1}} = -\left(0.5 - 0.813\right) = 0.313$$

接著我們透過逼近「o_1 的啟動項變化」和其預啟動項之間的關聯來回答第 2 個問題。邏輯斯函數的偏導數如下所示：

$$\frac{d}{dx} f\left(x\right) = f\left(x\right)\left(1 - f\left(x\right)\right)$$

在公式中，*f(x)* 是邏輯斯函數（logistic function），對應的公式為 $1/(1+e^{-x})$。

$$\frac{\partial act_{o_1}}{\partial pre_{0_1}} = act_{0_1}\left(1 - act_{o_1}\right)$$

$$\frac{\partial act_{o_1}}{\partial pre_{0_1}} = 0.813 \times \left(1 - 813\right) = 0.152$$

最後，我們將逼近「預啟動項 o_1 的變化」和 w_5 有多大關係。預啟動項是權重和輸入項的線性組合：

$$pre_{0_1} = w_5 act_{h_1} + w_6 act_{h_2} + b_2$$

$$\frac{\partial pre_{o_1}}{\partial w_5} = 1 \times act_{h_1} \times w_5^0 + 0 + 0 = act_{h_1} = 0.743$$

偏誤項 b_2 和 $w_6act_{h_2}$ 的導數都是 0。這兩項對於 w_5 來說都是常數，w_5 的變化對 $w_6act_{h_2}$ 沒有影響。現在我們已經回答了 3 個問題，我們可以計算出誤差「針對 w_5」的偏導數：

$$\frac{\partial E}{\partial w_5} = 0.313 \times 0.152 \times 0.743 = 0.035$$

我們現在可以透過從 w_5 中減去「學習速率和 $\frac{\partial E}{\partial w_5}$ 的乘積」來更新 w_5 的值。接著我們可以遵循同樣的處理方式來更新剩餘的權重。完成了第一次「向後傳遞」之後，我們可以使用「更新後的權重值」，再次通過網路「向前傳遞」。

訓練一個多層感知器逼近 XOR 函數

讓我們使用 scikit-learn 訓練網路，來逼近 XOR 函數。我們為 MLPClassifier 建構子傳遞 activation='logistic' 關鍵字變數，來為神經元指定應該使用邏輯斯 S 型曲線啟動函數。hidden_layer_sizes 參數接受一個整數元組（tuple），來標明每一個隱藏層中的隱藏單元數量。我們將使用和前一小節中「相同的網路架構」訓練一個網路，該網路包含「一個含有兩個隱藏單元的隱藏層」以及「一個包含一個輸出單元的輸出層」：

```
# In[1]:
from sklearn.model_selection import train_test_split
from sklearn.neural_network import MLPClassifier

y = [0, 1, 1, 0]
X = [[0, 0], [0, 1], [1, 0], [1, 1]]

clf = MLPClassifier(solver='lbfgs', activation='logistic',
  hidden_layer_sizes=(2,), random_state=20)
clf.fit(X, y)

predictions = clf.predict(X)
print('Accuracy: %s' % clf.score(X, y))
for i, p in enumerate(predictions):
    print('True: %s, Predicted: %s' % (y[i], p))

# Out[1]:
```

```
Accuracy: 1.0
True: 0, Predicted: 0
True: 1, Predicted: 1
True: 1, Predicted: 1
True: 0, Predicted: 0
```

在幾次迭代之後，網路收斂。讓我們觀察已經學到的權重，並對特徵向量 **[1, 1]** 完成一次向前傳遞。

```
# In[2]:
print('Weights connecting the input layer and the hidden layer: \
n%s' %
clf.coefs_[0])
print('Hidden layer bias weights: \n%s' % clf.intercepts_[0])
print('Weights connecting the hidden layer and the output layer:
  \n%s' % clf.coefs_[1])
print('Output layer bias weight: \n%s' % clf.intercepts_[1])

# Out[2]:
Weights connecting the input layer and the hidden layer:
[[ 6.11803955  6.35656369]
 [ 5.79147859  6.14551916]]
Hidden layer bias weights:
[-9.38637909 -2.77751771]
Weights connecting the hidden layer and the output layer:
[[-14.95481734]
 [ 14.53080968]]
Output layer bias weight:
[-7.2284531]
```

為了向前傳遞，我們需要計算以下公式：

$$pre_{h_1} = b_1 + w_1 i_1 + w_3 i_2$$

$$act_{h_1} = \frac{1}{1 - e^{-pre_{h_1}}}$$

$$pre_{h_2} = b_2 + w_2 i_1 + w_4 i_2$$

$$act_{h_2} = \frac{1}{1 - e^{-pre_{h_2}}}$$

$$pre_{o_1} = b_3 + w_5 act_{h_1} + w_6 act_{h_2}$$

$$act_{0_1} = \frac{1}{1 - e^{-pre_{o_1}}}$$

$$pre_{h_1} = -9.38637909 + 6.11803955 \times 1 + 5.79147859 \times 1 = 3.088$$

$$act_{h_1} = \frac{1}{1 + e^{-3.088}} = 0.956$$

$$pre_{h_2} = -2.77751771 + 6.3565639 \times 1 + 6.14551916 \times 1 = 9.159$$

$$act_{h_2} = \frac{1}{1 + e^{-9.159}} = 1.000$$

$$pre_{o_1} = -7.2284531 + -14.95481734 \times 1 + 14.53080968 \times 1 = -7.002$$

$$act_{0_1} = \frac{1}{1 + e^{-pre_{-7.002}}} = 0.001$$

反應變數為正向類別的機率是 **0.001**；網路預測 $1 \oplus 1 = 0$。

訓練一個多層感知器分類手寫數字

在上一章中，我們使用了 SVM 來分類「MNIST 資料集」中的手寫數字。在本節中，我們將使用 ANN 來對這些影像進行分類：

```
# In[1]:
from sklearn.datasets import load_digits
from sklearn.model_selection import cross_val_score
from sklearn.pipeline import Pipeline
from sklearn.preprocessing import StandardScaler
from sklearn.neural_network.multilayer_perceptron import
  MLPClassifier

if __name__ == '__main__':
    digits = load_digits()
    X = digits.data
    y = digits.target
    pipeline = Pipeline([
        ('ss', StandardScaler()),
        ('mlp', MLPClassifier(hidden_layer_sizes=(150, 100),
          alpha=0.1, max_iter=300, random_state=20))
    ])
    print(cross_val_score(pipeline, X, y, n_jobs=-1))

# Out[1]:
[ 0.94850498   0.94991653   0.90771812]
```

首先，我們使用 load_digits 便捷函數來載入 MNIST 資料集；我們將在交叉驗證期間產生額外的過程，這需要程式從一個 main 保護程式碼區塊之中開始執行。對特徵進行縮放對 ANN 來說非常重要，這也能保證一些學習演算法更快地收斂。接著，我們在擬合一個 MLPClassifier 類別之前，先建立一個 Pipeline 對資料進行縮放。網路包含：一個輸出層、第一個包含 150 個單元的隱藏層、第二個包含 100 個單元的隱藏層，以及一個輸出層。我們也增加了正規化超參數 alpha，同時將迭代最大次數從預設的 200 增加到 300。最後，我們列印出三折交叉驗證（three cross validation folds）的準確率。「準確率平均值」和「支援向量分類器的準確率」相差不多。透過增加更多的隱藏單元或隱藏層，以及另外使用網格搜尋來微調超參數，可以進一步提升準確率。

小結

在本章中，我們介紹了強大的 ANN 模型，它們被用於分類和迴歸，而透過組合人工神經元，它們可被用來表示複雜函數。我們特別討論了被稱作「前饋式類神經網路」的「有向無環」類神經網路圖。多層感知器是一種「前饋式類神經網路」，其每一層都和下一層「完全連接」。包含一個隱藏層和有限數量隱藏單元的 MLP 是一種通用的函數逼近器。它可以表示任何連續函數，儘管它並不一定能自動學習來逼近權重值。我們描述了一個網路的隱藏層如何表示潛在變數，以及如何使用「反傳遞演算法」學習網路的權重。最後，我們使用了 scikit-learn 的多層感知器實作，來逼近 XOR 函數以及分類手寫數字。

13

K-MEANS演算法

在前面的章節中，我們討論了監督式學習任務。我們討論了從「被標記的訓練資料」中學習的「迴歸」和「分類」演算法。在本章中，我們將介紹第一個非監督式學習的任務：**分群（clustering）**。我們可以使用「分群」，在一個「無標記的資料集」中，尋找擁有類似觀察值的群組。我們將討論 K-MEANS 分群演算法，將其應用到一個影像壓縮問題，同時學習如何衡量它的效能。最後，我們將解決一個同時包含「分群」和「分類」的半監督式學習問題。

分群

「第 1 章」說過，非監督式學習的目標是在「無標記訓練資料」中發現隱藏的結構或模式。**分群**或者**集群分析（cluster analysis）**是一種將「觀察值」劃分成「群組」的任務，它能讓相同群組或相同**集群（cluster）**的成員，在某種指標下，它們**彼此之間**的相似度，會遠高於「它們與其他集群的成員之間」的相似度。正如監督式學習一樣，我們將把一個觀察值表示為一個 n 維向量。

比如說，假設你的訓練資料由下圖中的一些點所組成：

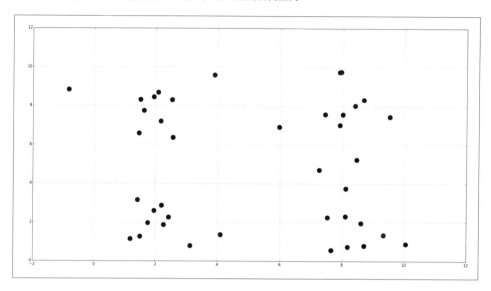

「分群」可以產生 2 個群組（groups），分別由**方塊**和**圓形**表示：

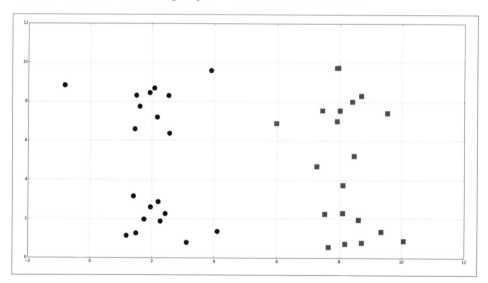

集群也可以產生 4 個群組：

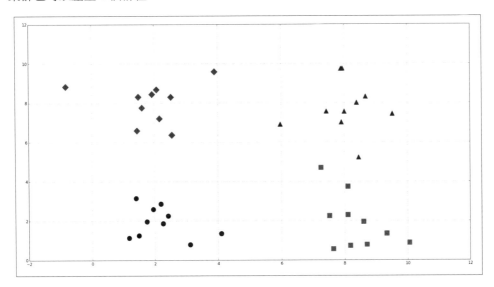

「分群」經常被用來探索資料集。社交網路可以被「分群」為特定的社群，並針對用戶之間沒有注意到的聯繫提出建議。在生物學中，「分群」可被用於發現具有類似表達模式的基因群組。推薦系統有時會使用「分群」，來定位一個使用者可能感興趣的產品或媒體。在市場行銷中，「分群」被用來發現相似消費者的分組。在後面的內容中，我們將解決一個例子，使用 K-MEANS 演算法對一個資料集進行「分群」。

K-MEANS 演算法

K-MEANS 演算法是一種「分群」方法，它因速度和穩定性而廣受歡迎。K-MEANS 演算法是一個迭代的過程，它將集群中心（centers of the clusters，也被稱作**質心** ／ centroids）移動到集群實例的平均值位置，並將實例重新分配給「最接近質心」的集群。k 是一個代表集群數量的超參數。K-MEANS 演算法會自動地將「觀察實例」分配到不同的集群之中，但無法決定合適的集群數量。k 必須是一個正整數，值要小於「訓練集」中實例的數量。有時集群的數量會透過「分群」問題的上下文來指定。例如：一個生產鞋子的公司，可能知道可以支援生產 3 種新的樣式。為了理解每一種樣式的目標顧客群體，這家公司對顧客做調查，並將結果分為 3 個集群。也就是說，集群的數量由問題的上下文來指定。其他的問題可能並不需要一個特定的集群數量，同時最佳的集群數量可能也是不確定的。在本章的後面，我們將討論一種啟發式（heuristic）方法，來估計最佳集群數量，即**手肘法**（elbow method，又稱**轉折判斷法**）。

K-MEANS 方法的參數包括「集群質心的位置」以及「被分配到每個集群中的觀察實例」。和廣義的線性模型以及決策樹不同，K-MEANS 演算法參數的最佳值是透過「最小化」一個成本函數來決定的。K-MEANS 演算法的成本函數的公式如下所示：

$$J = \sum_{k=1}^{K} \sum_{i \in C_k} ||x_i - \mu_k||^2$$

在這裡，μ_k 代表集群 k 的質心，這個成本函數對所有集群的「失真」（distortions）求和。每個集群的「失真」等於「其包含的所有實例」和「其質心」之間的距離的平方和。對於緊湊的集群（compact clusters）來說，失真值很**小**，而對於實例很分散（scattered）的集群而言，失真值則很**大**。在一個「將觀察實例分配到集群裡」並「移動集群」的迭代過程之中，可以學習能夠「最小化」這個成本函數的參數。首先，初始化集群的質心，通常由「隨機選取的實例」作為初始值。在每次迭代中，K-MEANS 演算法將觀察實例分配到「與其距離最近」的集群之中，然後將質心移動到觀察值的平均值位置。讓我們看看一個例子，訓練資料如下表所示：

Instance	x0	x1
1	7	5
2	5	7
3	7	7
4	3	3
5	4	6
6	1	4
7	0	0
8	2	2
9	8	7
10	6	8
11	5	5
12	3	7

訓練資料包含兩個解釋變數,每個變數可以抽取一個特徵。所有實例對應的點如下圖所示:

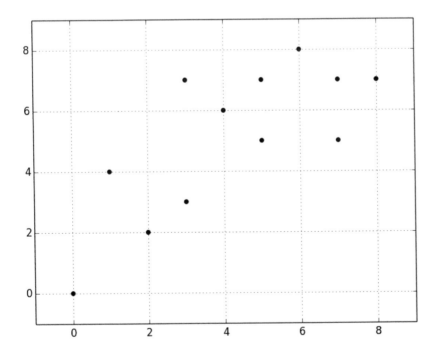

假設 K-MEANS 演算法將第 5 個實例作為第 1 個集群的質心，第 11 個實例作為第 2 個集群的質心。我們將計算每個實例到兩個質心的距離，並將它們分配給距離最近的質心所屬的集群。首次的分配情況如下表的「**Cluster 行**」所示：

Instance	x0	x1	C1 distance	C2 distance	Last cluster	Cluster	Changed?
1	7	5	3.16228	2	None	C2	Yes
2	5	7	1.41421	2	None	C1	Yes
3	7	7	3.16228	2.82843	None	C2	Yes
4	3	3	3.16228	2.82843	None	C2	Yes
5	4	6	0	1.41421	None	C1	Yes
6	1	4	3.60555	4.12311	None	C1	Yes
7	0	0	7.21110	7.07107	None	C2	Yes
8	2	2	4.47214	4.24264	None	C2	Yes
9	8	7	4.12311	3.60555	None	C2	Yes
10	6	8	2.82843	3.16228	None	C1	Yes
11	5	5	1.41421	0	None	C2	Yes
12	3	7	1.41421	2.82843	None	C1	Yes
C1 centroid	4	6					
C2 centroid	5	5					

下圖展示了質心與初始的集群分配（cluster assignments）。分配到第 1 個集群的實例用 **X** 標記，分配到第 2 個集群的實例用**點**標記，表示**質心**的標記要比其他的實例還要**大**：

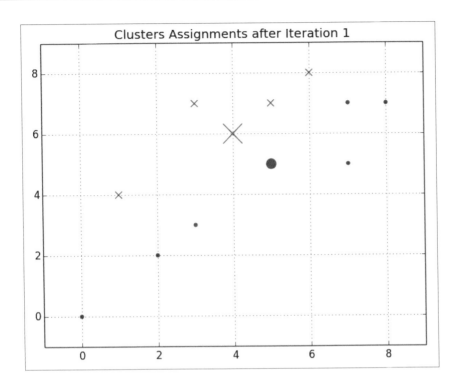

現在，我們將「所有質心」都移動到「其構成實例的平均值位置」，重新計算「訓練實例」到「質心」的距離，並重新把實例分配到最近的質心所在集群。新的集群情況如下圖所示。你會注意到質心開始分散，一些實例改變了分配情況：

Instance	x0	x1	C1 distance	C2 distance	Last cluster	New cluster	Changed?
1	7	5	3.492850	2.575394	C2	C2	No
2	5	7	1.341641	2.889107	C1	C1	No
3	7	7	3.255764	3.749830	C2	C1	Yes
4	3	3	3.492850	1.943067	C2	C2	No
5	4	6	0.447214	1.943067	C1	C1	No
6	1	4	3.687818	3.574285	C1	C2	Yes
7	0	0	7.443118	6.169378	C2	C2	No
8	2	2	4.753946	3.347250	C2	C2	No
9	8	7	4.242641	4.463000	C2	C1	Yes
10	6	8	2.720294	4.113194	C1	C1	No

Instance	x0	x1	C1 distance	C2 distance	Last cluster	New cluster	Changed?
11	5	5	1.843909	0.958315	C2	C2	No
12	3	7	1	3.260775	C1	C1	No
C1 centroid	3.8	6.4					
C2 centroid	4.571429	4.142857					

下圖描繪出第 2 次迭代之後的質心和集群分配情況：

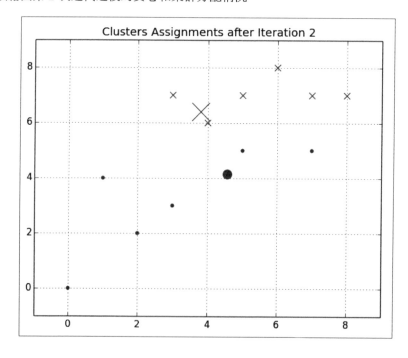

Clusters Assignments after Iteration 2

現在我們將再次把「質心」移動到「其構成實例的平均值位置」，並重新分配實例到
距離最近的質心所在的集群。質心繼續分散，如下圖所示：

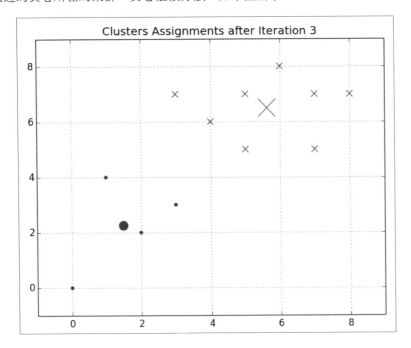

在下一次迭代中，所有實例的分配情況沒有變化。K-MEANS 演算法將會繼續迭代，
直到滿足某些停止標準。一般的情況下，這個標準是「當前成本函數值」和「後續迭
代成本函數值」之間差值的臨界值（threshold），或者是「當前質心位置」和後續迭
代中「質心位置變化」的臨界值。如果這些停止標準夠小，K-MEANS 將會收斂到一
個最佳值。然而，隨著停止標準值的**減少**，收斂所需的時間將會**增大**。另外需要注意
的一個重點是，無論停止標準的值如何設置，K-MEANS 演算法**並不一定**能收斂到全
域最佳值。

局部最佳值

回顧 K-MEANS 演算法經常會從「觀察實例」中隨機選取來初始化「質心」。有時這些隨機初始點的選擇非常糟糕，將導致 K-MEANS 演算法收斂至一個**局部最佳值**（local optimum）。舉例來說，假設 K-MEANS 演算法隨機地對圖形初始化：

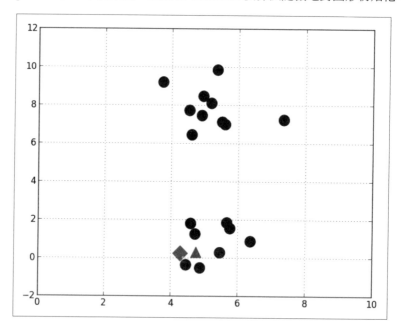

K-MEANS 將逐漸收斂到一個局部最佳值，如上圖所示。這些集群也許確實能把實例進行分組，但是「上方」和「下方」的觀察值更可能是兩個集群。「一些局部最佳值」要比「其他的局部最佳值」來得好。為了避免這種糟糕的初始情況，K-MEANS 演算法經常會**重複**幾十次到上百次。在每次迭代中，隨機初始化「不同的初始集群」的位置；能將成本函數值「最小化」的那一次初始化點，將被選擇為初始化點。

用手肘法選擇 K 值

若 k 值不能由問題的上下文指定，最佳的集群數量可以使用「手肘法」的技術來估計。「手肘法」使用不同的 k 值繪製出成本函數的值。隨著 k 值的增加，平均失真（average distortion）也會增加，每個集群將包含更少的實例，同時實例也將更靠近各自對應的質心。然而，隨著 k 值的增加，對「平均離差」（average dispersion）的提升將會減少。離差的提升變化「下降最陡」時的 k 值被稱為**肘部**（elbow）。讓我們使用「手肘法」，為一個資料集選擇集群的數量。下面的散佈圖（scatter plot）描繪了一個明顯可被分為兩個集群的資料集：

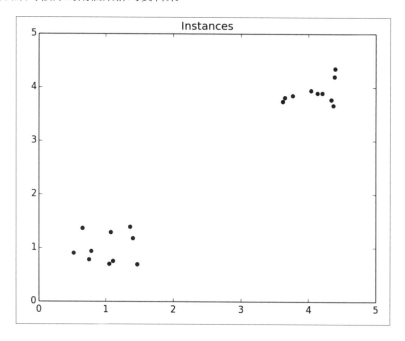

我們將計算並繪製出當 k 從 1 變化到 10 時，集群的平均離差：

```
# In[1]:
import numpy as np
from sklearn.cluster import KMeans
from scipy.spatial.distance import cdist
import matplotlib.pyplot as plt

c1x = np.random.uniform(0.5, 1.5, (1, 10))
c1y = np.random.uniform(0.5, 1.5, (1, 10))
c2x = np.random.uniform(3.5, 4.5, (1, 10))
c2y = np.random.uniform(3.5, 4.5, (1, 10))
```

```
x = np.hstack((c1x, c2x))
y = np.hstack((c1y, c2y))
X = np.vstack((x, y)).T

K = range(1, 10)
meanDispersions = []
for k in K:
    kmeans = KMeans(n_clusters=k)
    kmeans.fit(X)
    meanDispersions.append(sum(np.min(cdist(X,
        kmeans.cluster_centers_, 'euclidean'), axis=1)) / X.shape[0])

plt.plot(K, meanDispersions, 'bx-')
plt.xlabel('k')
plt.ylabel('Average Dispersion')
plt.title('Selecting k with the Elbow Method')
plt.show()
```

以上程式碼將繪製出下圖：

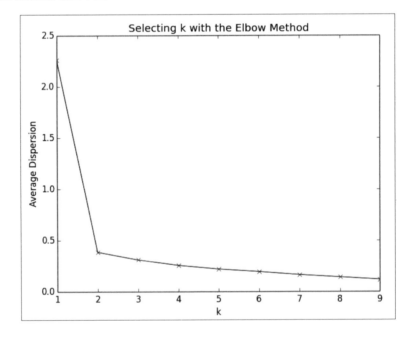

當我們把 *k* 從 *1* 增加到 *2* 時，平均離差迅速提升。而當 *k* 值大於 *2* 時，離差幾乎沒有提升。現在，讓我們在下圖這個包含 3 個集群的資料集上使用「手肘法」：

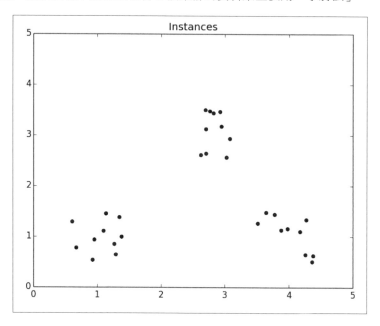

下圖是該資料集的肘部圖。從該圖中我們可以看出，當增加第 **4** 個集群時，平均離差的提升率**下降最快**。也就是說，「手肘法」確認該資料集的 **k** 應該設置為 **3**。

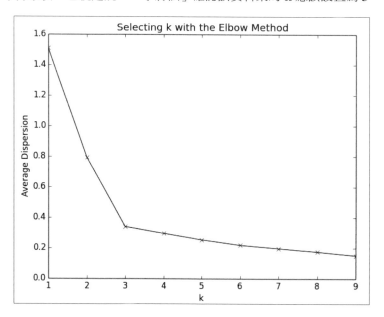

評估集群

我們將「機器學習」定義為對「系統」進行設計和研究，這些「系統」可以從經驗之中學習，而它們的任務效能是以某些指標來衡量的。K-MEANS 演算法是一種非監督式學習演算法，因此沒有「標籤」或「真實情況」可以與「集群」做比較。然而，我們仍然可以使用固有的衡量方式來評估演算法的效能。我們已經討論過如何衡量「集群」的離差。本節將要討論另一種對「分群」的評估方式，稱為**輪廓係數**（silhouette coefficient）。輪廓係數是對「集群」緊密程度（compactness）和稀疏程度（separation）的評估。當「集群」的品質上升時輪廓係數上升。當「集群」內部很緊密且彼此之間距離很遠時，輪廓係數很**大**；而對於體積很大且互相重疊的「集群」，輪廓係數很**小**。在每個實例上計算輪廓係數；對一個實例集合來說，輪廓係數等於每個實例輪廓係數的平均值。計算一個實例的輪廓係數，公式如下所示：

$$s = \frac{ba}{max(a, b)}$$

在公式中，a 是集群中「實例之間」的平均距離。b 是「集群的實例」和「最接近的集群的實例」之間的平均距離。下面的例子執行了 4 次 K-MEANS 演算法，從一個玩具資料集中建立了 2 個、3 個、4 個和 8 個集群，並在每一輪中計算輪廓係數：

```
# In[1]:
import numpy as np
from sklearn.cluster import KMeans
from sklearn import metrics
import matplotlib.pyplot as plt

plt.subplot(3, 2, 1)
x1 = np.array([1, 2, 3, 1, 5, 6, 5, 5, 6, 7, 8, 9, 7, 9])
x2 = np.array([1, 3, 2, 2, 8, 6, 7, 6, 7, 1, 2, 1, 1, 3])
X = np.array(zip(x1, x2)).reshape(len(x1), 2)

plt.xlim([0, 10])
plt.ylim([0, 10])
plt.title('Instances')
plt.scatter(x1, x2)
colors = ['b', 'g', 'r', 'c', 'm', 'y', 'k', 'b']
markers = ['o', 's', 'D', 'v', '^', 'p', '*', '+']
tests = [2, 3, 4, 5, 8]
```

```
subplot_counter = 1
for t in tests:
    subplot_counter += 1
    plt.subplot(3, 2, subplot_counter)
    kmeans_model = KMeans(n_clusters=t).fit(X)
 for i, l in enumerate(kmeans_model.labels_):
        plt.plot(x1[i], x2[i], color=colors[l], marker=markers[l],
            ls='None')
  plt.xlim([0, 10])
  plt.ylim([0, 10])
  plt.title('K = %s, Silhouette Coefficient = %.03f' % (t,
      metrics.silhouette_score(X, kmeans_model.labels_,
      metric='euclidean')))
plt.show()
```

資料集中包含 3 個明顯的集群。因此，如下圖所示，當 **K 值等於 3** 時輪廓係數最**大**。將 **K 值設置為 8** 時，實例的集群彼此之間非常靠近，就好像它們屬於其他集群的實例一樣，其對應的輪廓係數也是**最小**的。

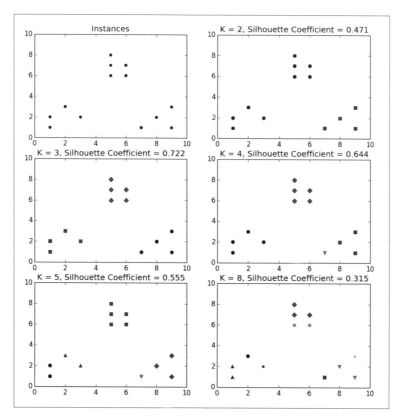

影像量化

在上一節中，我們使用「分群」來探索資料集的結構。現在讓我們把「分群」應用於一個不同的問題。**影像量化**（image quantization）是一種失真壓縮方法（lossy compression method），它能使用「一種顏色」來取代一張影像中「一系列類似的顏色」。因為表示顏色只需要更少的 bit，影像量化能減少影像檔案的體積。在下面的例子中，我們將使用「分群」找出壓縮調色盤（palette），其包含影像中最重要的顏色。然後，我們將使用這個壓縮調色盤來「重建」這張影像。首先我們需要讀入影像並將其扁平化（flatten）：

```python
# In[1]:
import numpy as np
import matplotlib.pyplot as plt
from sklearn.cluster import KMeans
from sklearn.utils import shuffle
from PIL import Image

original_img = np.array(Image.open('tree.jpg'), dtype=np.float64) /
  255
original_dimensions = tuple(original_img.shape)
width, height, depth = tuple(original_img.shape)
image_flattened = np.reshape(original_img, (width * height, depth))
```

然後，我們使用 K-MEANS 從 1000 個隨機選取的顏色樣本中建立 64 個集群。每個集群都將成為壓縮調色盤中的一個顏色。

```python
# In[2]:
image_array_sample = shuffle(image_flattened, random_state=0)[:1000]
estimator = KMeans(n_clusters=64, random_state=0)
estimator.fit(image_array_sample)

# Out[2]:
KMeans(algorithm='auto', copy_x=True, init='k-means++',
 max_iter=300,
    n_clusters=64, n_init=10, n_jobs=1, precompute_distances='auto',
    random_state=0, tol=0.0001, verbose=0)
```

接下來，我們預測原圖中的每一個像素，其應該被分配到哪一個集群之中：

```python
# In[3]:
cluster_assignments = estimator.predict(image_flattened)
```

最後，我們從「壓縮調色盤」和「集群分配」來建立壓縮影像：

```
# In[4]:
compressed_palette = estimator.cluster_centers_
compressed_img = np.zeros((width, height, compressed_palette.
shape[1]))
label_idx = 0
for i in range(width):
    for j in range(height):
        compressed_img[i][j] =
          compressed_palette[cluster_assignments[label_idx]]
        label_idx += 1
plt.subplot(121)
plt.title('Original Image', fontsize=24)
plt.imshow(original_img)
plt.axis('off')
plt.subplot(122)
plt.title('Compressed Image', fontsize=24)
plt.imshow(compressed_img)
plt.axis('off')
plt.show()
```

原圖（左）和壓縮影像（右）如下所示：

透過分群學習特徵

在本節的例子中，我們將在一個半監督式學習問題中合併「分群」和「分類器」。透過將無標記資料「分群」，我們能學習特徵，並使用學到的特徵建立一個監督式分類器。

假設你有一隻貓和一隻狗。再假設你已經購買了一台智慧手機。表面上你用手機和人類溝通，但實際上，你只是用它幫你的貓和狗拍照。你的照片很棒，同時你也確信，自己的朋友也喜歡仔細回顧這些照片。你彬彬有禮，且尊重只喜歡看貓照片的人，以及只喜歡看狗照片的人，但分類照片是一項很費勁的工作。讓我們建立一個半監督式學習系統，來分類貓照片和狗照片。

回顧「第 3 章」，對影像進行分類的一種簡單的方法是使用所有像素的「強度」（或「亮度」）作為特徵。即使是很小的影像，這種方法也會產生高維度的特徵。和我們用來表示文件的「高維度特徵向量」不同，這些向量並不稀疏。此外，這種方法很明顯地會對影像的光照、縮放以及方向很敏感。我們將從影像中提取 **SURF 描述符**（SURF descriptors），並將其「分群」，藉此學習特徵表示。「SURF 描述符」描述了一張影像的目標區域，且和影像縮放、旋轉及光照無關。然後，我們將使用一個向量表示一張影像，向量的每一個元素對應「描述符」的一個集群。每個元素將會編碼「從影像中提取出來的」且「屬於該集群的」描述符數量。這種方法有時也被稱為**特徵袋表示**（bag-of-features representation），因為特徵的集合可被類比為「詞袋標記法」中的詞彙表（vocabulary）。我們將使用來自 Kaggle 網站『**狗與貓**競賽訓練資料集』中的 **1,000** 張貓影像和 **1,000** 張狗影像。該資料集可以從這裡下載：https://www.kaggle.com/c/dogs-vs-cats/data。我們將使用「正向類別」標記「貓」，使用「負向類別」標記「狗」。請注意，這些影像有不同的尺寸。因為特徵向量不表示像素，我們並不需要將影像重新調整大小為相同的尺寸。我們將使用「前 60% 的影像」進行**訓練**，使用「剩下的 40% 影像」進行**測試**：

```
# In[1]:
import numpy as np
import mahotas as mh
from mahotas.features import surf
from sklearn.linear_model import LogisticRegression
from sklearn.metrics import *
from sklearn.cluster import MiniBatchKMeans
import glob
```

首先，我們載入了影像、將它們轉換為灰階影像，並從中提取「SURF 描述符」。與其他類似的特徵相比，「SURF 描述符」可以更快地被提取，但是從 **2,000** 張影像中提取「描述符」依然很耗費計算能力。和前面的例子不同，以下程式碼在大部分的電腦上需要耗費**幾分鐘**來執行：

```
# In[2]:
all_instance_filenames = []
all_instance_targets = []

for f in glob.glob('cats-and-dogs-img/*.jpg'):
    target = 1 if 'cat' in os.path.split(f)[1] else 0
    all_instance_filenames.append(f)
    all_instance_targets.append(target)

surf_features = []
for f in all_instance_filenames:
    image = mh.imread(f, as_grey=True)
    # The first 6 elements of each descriptor describe its position
      and orientation.
    # We require only the descriptor.
    surf_features.append(surf.surf(image)[:, 5:])

train_len = int(len(all_instance_filenames) * .60)
X_train_surf_features = np.concatenate(surf_features[:train_len])
X_test_surf_feautres = np.concatenate(surf_features[train_len:])
y_train = all_instance_targets[:train_len]
y_test = all_instance_targets[train_len:]
```

然後，我們將提取出的「描述符」分配到 300 個集群之中。我們使用 MiniBatchKMeans，它是一個 K-MEANS 演算法的變體，在每次迭代中使用一個隨機的實例樣本。因為在每次迭代中只計算「實例樣本」到「質心」的距離，MinibatchKMeans 的「收斂速度」很快，但它集群的「離差」可能會很大。在實踐中，結果很類似，這樣的折中策略是可被接受的：

```
# In[3]:
n_clusters = 300
estimator = MiniBatchKMeans(n_clusters=n_clusters)
estimator.fit_transform(X_train_surf_features)
```

```
# Out[3]:
array([[ 0.6056733 ,   2.70938102,  1.22470857, ...,   0.40240388,
          1.36376676,  0.91444056],
        [ 1.17256268,  2.15959095,  1.80512123, ...,  1.25544983,
          2.14938607,  0.92937648],
        [ 4.05884662,  1.87604644,  5.28951557, ...,  4.32944494,
          5.41296044,  3.89081466],
        ...,
        [ 0.6193189 ,   2.92864247,  1.1535589 , ...,   0.36941273,
          1.18161751,  1.09170526],
        [ 1.68619226,  3.95702531,  0.93771461, ...,  1.37208184,
          0.80844426,  2.08232525],
        [ 1.09366926,  1.87174791,  1.99117652, ...,  1.12510896,
          2.15558684,  1.0511277 ]])
```

接著，我們從訓練資料和測試資料中組織特徵向量，找出和每個提取的「SURF 描述符」有關的集群，並使用 NumPy 的 binCount 函數來計數。相關結果會將每個實例表示為一個 **300 維**的特徵向量：

```
# In[4]:
X_train = []
for instance in surf_features[:train_len]:
    clusters = estimator.predict(instance)
    features = np.bincount(clusters)
    if len(features) < n_clusters:
        features = np.append(features, np.zeros((1, n_clusters-
            len(features))))
    X_train.append(features)

X_test = []
for instance in surf_features[train_len:]:
    clusters = estimator.predict(instance)
    features = np.bincount(clusters)
    if len(features) < n_clusters:
        features = np.append(features, np.zeros((1, n_clusters-
            len(features))))
    X_test.append(features)
```

最後，我們在特徵向量和目標上訓練一個邏輯斯迴歸分類器，並計算其「精準率」、「召回率」和「準確率」：

```
# In[5]:
clf = LogisticRegression(C=0.001, penalty='l2')
clf.fit(X_train, y_train)
predictions = clf.predict(X_test)
print(classification_report(y_test, predictions))

# Out[5]:
           precision    recall  f1-score   support

        0       0.69      0.77      0.73       378
        1       0.77      0.69      0.72       420

avg / total     0.73      0.72      0.72       798
```

小結

在本章中，我們討論了第一個非監督式學習任務：分群。我們使用分群在「無標記資料」中發現結構；我們學習了「K-MEANS 分群演算法」，它會迭代地將實例分配到每個集群之中，並調整集群「質心」的位置。雖然「K-MEANS 演算法」在沒有監督的情況下會從經驗之中學習，但是它的效能依然是可被衡量的。我們學習使用「離差」和「輪廓係數」來評估集群。我們將「K-MEANS 演算法」應用到兩個不同的問題之中。首先，使用「K-MEANS 演算法」進行影像量化，這是一種可以將「一系列顏色」表示為「一個顏色」的壓縮技術。我們還使用「K-MEANS 演算法」在一個半監督式影像分類問題當中學習特徵。

在下一章中，我們將討論另一個被稱作「降維」的非監督式學習任務。和我們為分類貓狗影像時所建立的「半監督式特徵表示」一樣，「降維」也可以用來減少特徵表示的維度，同時盡可能多保留資訊。

14

使用主成分分析降維

在本章中，我們將討論一種降低資料維度的技術，即**主成分分析**（principal component analysis，**PCA**）。**降維**（dimensionality）背後的動機來自一些問題。首先，降維可被用來緩解「維數災難／維度詛咒」帶來的問題。其次，降維可被用於壓縮資料，同時將遺失資料的量「最小化」。最後，理解上百維的資料結構非常困難，僅有二維或者三維的資料可以輕鬆地進行「視覺化」。我們將使用 PCA 演算法將「高維度資料集」在兩個維度上進行「視覺化」，同時建立一個臉部辨識系統。

主成分分析

回顧前面的章節，涉及高維度數據的問題經常會被「維數災難」所影響。隨著資料集維度數量的增加，估計器所需的樣本數量也會以指數成長。在一些應用程式中獲取如此龐大的資料是不可行的，而從「大型資料集」中學習也需要更多的記憶體及處理能力。另外，資料的稀疏程度（sparseness）經常會隨著維度的增加而增加。在高維度空間中，由於所有實例的稀疏程度都很類似，找出類似的實例是一件很困難的事。

PCA 也被稱作 **Karhunen-Loeve Transform**（縮寫 KLT，又譯「K-L 轉換」），這是一種能在高維度資料中發現模式的技術。PCA 經常被用於「探索」和「視覺化」高維度資料集。在被另一個估計器所用之前，PCA 亦可用於壓縮資料和處理資料。PCA 將一系列可能相互關聯的「高維度變數」減少為**主成分**（principal components）；主成分是一系列低維度「線性不相關」的合成變數（synthetic variables）。這些「低維度資料」會盡量保存原始資料的變異數。PCA 透過把「資料」投影到一個「低維度子空間」來減少一個資料集的維度。例如：一個二維資料集可以透過把「點」投影到「一條直線」來減少維度，資料集中的每一個實例會由「單一值」來表示而不是「一對值」。一個三維資料集可以透過把「變數」投影到「一個平面」上來降低到二維。總的來說，一個 **m 維資料集**可以透過投影到一個 **n 維子空間**來降維，而 **n 小於 m**。更正式地說，PCA 可被用於找出一組向量，這些向量能夠擴展一個能將「投影資料的平方誤差和」最小化的子空間，而這個投影能夠保留最大比例的原始資料集變異數。

假設你是一名園藝物品專欄攝影師，你被派去拍攝一張澆花壺（watering can）的照片。這個澆花壺是三維的，但是照片是二維的，你需要建立一個能盡可能描述這個澆花壺的二維表示（two-dimensional representation）。下圖是 4 張你能夠使用的照片集合：

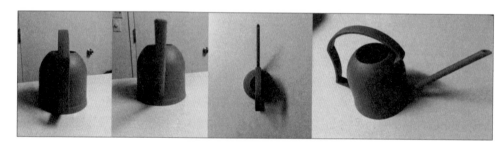

在**第 1 張照片**中可以看到澆花壺的「背面」，但看不見澆花壺的「正面」。**第 2 張照片**的角度是能直接看到「噴嘴」的角度，這張照片提供了在**第 1 張照片**中不可見的澆花壺「正面」的資訊，但是澆花壺的「把手」不可見。**第 3 張照片**是用「鳥瞰視圖」來描述的，因此無法辨別澆花壺的「高度」。**第 4 張照片**是專欄的最佳選擇，在這張照片中，澆花壺的高度、頂部、噴嘴以及把手都能辨別出來。PCA 的目的和前面的例子很類似，它可以將「高維度空間中的資料」投影到一個「低維度空間」之中，並盡可能多保留變異數。PCA 旋轉（rotates）資料集，來對齊它的主成分，以此「最大化」前幾個主成分所包含的變異數。假設你有一個資料集，如下圖所示：

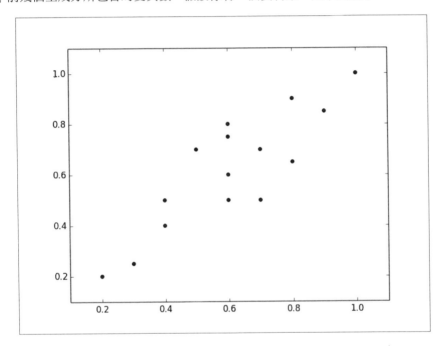

實例大致形成了一條從「原點」延伸至「右上角」的細長橢圓形。為了減少資料集的維度，我們必須將「點」投影到「一條直線」上。下圖描繪了兩條可以投影的直線。哪一條直線會讓實例的**變化**最大呢？

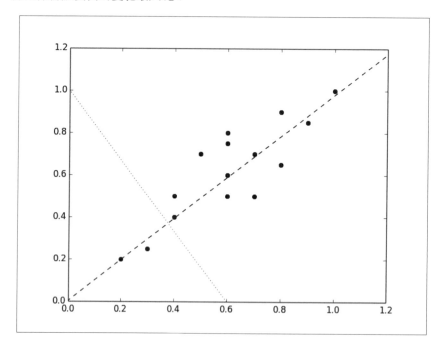

和「點線」（dotted line）相比，「虛線」（dashed line）會讓實例的變化更大。實際上，「虛線」是第 **1** 個主成分。第 **2** 個主成分必須和第 **1** 個主成分正交（orthogonal），也就是說，它必須在統計上獨立於第 **1** 個主成分。在一個二維空間中，第 **1** 個主成分和第 **2** 個主成分將會**垂直**出現，如下圖所示：

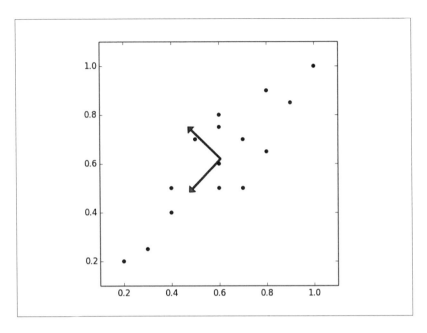

每一個後續的主成分會保留剩餘變異數的「最大值」，唯一的限制是它必須和其他的主成分正交。現在假設資料集有三個維度。下圖描繪了前面「點」的散佈圖；這張圖看起來像是一個圍繞著某一根「軸」稍稍旋轉的平圓盤（flat disc）：

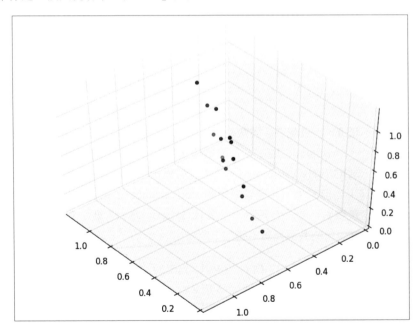

這些「點」可以被旋轉和平移（translated），如此一來，傾斜的圓盤幾乎完全位於二維空間之中。現在這些「點」形成了一個橢圓，第三維幾乎不包含變異數，因而可以被丟棄。當一個資料集中的變異數圍繞每個維度「不均勻」分佈時，PCA 非常有用。讓我們以一個三維資料集為例，假設它具有球形凸包（spherical convex hull），由於每個維度的變異數都相等，沒有一個維度可以在「不損失大量資訊」的條件下被丟棄，因此 PCA 無法有效地應用於該資料集。對於只有二維或者三維的資料集來說，直覺地辨別其主成分是很簡單的。在下一節中，我們將討論如何計算高維度資料的主成分。

變異數、共變異數和共變異數矩陣

在討論 PCA 如何工作之前，我們必須先定義幾個概念。回顧一下，「變異數」（variance）是一種評估「一組值」如何分佈的方法。變異數是「每個值和平均值的平方差」的平均，如下所示：

$$s^2 = \frac{\sum_{i=1}^{n}(X_i - \bar{X})^2}{n-1}$$

我們可以使用「共變異數」（covariance）來評估兩個變數一起改變的程度，它是衡量兩組變數之間「相關程度」的方法。如果兩個變數的共變異數為 0，則變數不相關。需要注意的是，不相關的變數並不一定是獨立的，因為「相關性」僅是線性相關的一種衡量方式。兩個變數的共變異數的計算公式如下所示：

$$cov(X,Y) = \frac{\sum_{i=1}^{n}(X_i - \bar{x})(Y_i - \bar{y})}{n-1}$$

如果共變異數**不是 0**，正負號表示變數是「正相關」或「負相關」。當兩個變數「正相關」（positively correlated）時，一個變數隨著另一個變數的增加而增加。當兩個變數「負相關」（negatively correlated）時，一個變數相對於其平均值增加，而另一個變數則相對於其平均值減少。**共變異數矩陣**（covariance matrix）描述了一個資料集中「每一對維度數變數」的共變異數。元素 **(i, j)** 表示資料 **i^{th} 維**和 **j^{th} 維**的共變異數，比如說，一個三維資料的共變異數矩陣如下所示：

$$C = \left[\begin{array}{ccc} cov(x_1, x_1) & cov(x_1, x_2) & cov(x_1, x_3) \\ cov(x_2, x_1) & cov(x_2, x_2) & cov(x_2, x_3) \\ cov(x_3, x_1) & cov(x_3, x_2) & cov(x_3, x_3) \end{array} \right]$$

讓我們計算下方資料集的共變異數矩陣：

v1	v2	v3
2	0	-1.4
2.2	0.2	-1.5
2.4	0.1	-1
1.9	0	-1.2

變數的平均值分別為 2.125、0.075 和 -1.275。接著，我們可以計算「每一對變數」的共變異數，並得出下列共變異數矩陣：

$$C = \begin{bmatrix} 2.92 & 3.16 & 2.95 & 2.67 \\ 3.16 & 3.43 & 3.175 & 2.885 \\ 2.95 & 3.175 & 3.01 & 2.705 \\ 2.67 & 2.885 & 2.705 & 2.443 \end{bmatrix}$$

我們可以使用 NumPy 驗證計算結果：

```
# In[1]:
import numpy as np

X = np.array([
 [2, 0, -1.4],
 [2.2, 0.2, -1.5],
 [2.4, 0.1, -1],
 [1.9, 0, -1.2]
])
print(np.cov(X).T)

# Out[1]:
[[ 2.92        3.16       2.95       2.67      ]
 [ 3.16        3.43       3.175      2.885     ]
 [ 2.95        3.175      3.01       2.705     ]
 [ 2.67        2.885      2.705      2.44333333]]
```

特徵向量和特徵值

我們說過向量（vector）是由一個方向（direction）和一個量級（magnitude）或長度（length）來描述的。一個矩陣的**特徵向量**（eigenvector）是一個非零向量（non-zero vector），滿足以下公式：

$$A\vec{v} = \lambda\vec{v}$$

在公式中，$\vec{v}$ 是一個特徵向量，**A** 是一個矩陣，λ 是一個被稱為**特徵值**（eigenvalue）的純量。特徵向量的「方向」和其被「矩陣 **A**」轉換之前保持一致，只有其「量級」發生變化；變化由「特徵值」來表示。也就是說，一個矩陣乘以它的一個特徵向量，等於對這個特徵向量做「縮放」。『**特徵**』（*eigen*）在德語中代表『屬於』（*belonging to*）或『獨有』（*peculiar to*）；一個矩陣的特徵向量是『**屬於**』並「**描繪**」資料結構的向量。

 編輯注：小提醒，本章所謂的「特徵向量」（eigenvector）和「特徵值」（eigenvalue）是「線性代數」的專有名詞，而非「機器學習」中的「特徵」（feature）。

「特徵向量」和「特徵值」只能由矩陣衍生，且並非所有的矩陣都有「特徵向量」和「特徵值」。如果一個矩陣有「特徵向量」和「特徵值」，它的每一個維度上都有一對「特徵向量」和「特徵值」。一個矩陣的「主成分」是它的共變異數矩陣的「特徵向量」，及其對應的「特徵值」排序。對應最大特徵值的「特徵向量」是第 1 個主成分，對應第二大特徵值的「特徵向量」是第 2 個主成分，以此類推。

讓我們計算下列矩陣的「特徵向量」和「特徵值」：

$$A = \begin{bmatrix} 1 & -2 \\ 2 & -3 \end{bmatrix}$$

回顧前面的內容，矩陣 **A** 和它任何「特徵向量」的乘積，都等於「特徵向量」乘以對應的「特徵值」。首先我們將找出「特徵值」，如下所示：

$$(A - \lambda I)\,\vec{v} = 0$$

$$|A - \lambda * I| = \left| \begin{bmatrix} 1 & -2 \\ 2 & -3 \end{bmatrix} - \begin{bmatrix} \lambda & 0 \\ 0 & \lambda \end{bmatrix} \right| = 0$$

特徵方程式顯示，「矩陣的行列式」即「資料矩陣」和「特徵值與單位矩陣乘積」的差，而「矩陣的行列式」結果等於 **0**：

$$\left| \begin{bmatrix} 1 - \lambda & -2 \\ 2 & -3 - \lambda \end{bmatrix} \right| = (\lambda + 1)(\lambda + 1) = 0$$

$$(A - \lambda I)\,\vec{v} = 0$$

代入矩陣 **A** 的值：

$$\left(\begin{bmatrix} 1 & -2 \\ 2 & -3 \end{bmatrix} - \begin{bmatrix} \lambda & 0 \\ 0 & \lambda \end{bmatrix} \right) \vec{v} = \begin{bmatrix} 1 - \lambda & -2 \\ 2 & -3 - \lambda \end{bmatrix} \vec{v} = \begin{bmatrix} 1 - \lambda & -2 \\ 2 & -3 - \lambda \end{bmatrix} \begin{bmatrix} v_{1,1} \\ v_{1,2} \end{bmatrix} = 0$$

我們可以代入第 **1** 個「特徵值」來解方程式：

$$\begin{bmatrix} 1 - (-1) & -2 \\ 2 & -3 - (-1) \end{bmatrix} \begin{bmatrix} v_{1,1} \\ v_{1,2} \end{bmatrix} = \begin{bmatrix} 2 & -2 \\ 2 & -2 \end{bmatrix} \begin{bmatrix} v_{1,1} \\ v_{1,2} \end{bmatrix} = 0$$

可以把前面的步驟寫成聯立方程式（system of equations）的形式：

$$\begin{cases} 2v_{1,1} + -(2v_{1,2}) = 0 \\ 2v_{1,1} + -(2v_{1,2}) = 0 \end{cases}$$

任何滿足上述方程式的非零向量，都能作為「特徵向量」：

$$\begin{bmatrix} 1 & -2 \\ 2 & -3 \end{bmatrix} \begin{bmatrix} 1 \\ 1 \end{bmatrix} = -1 \begin{bmatrix} 1 \\ 1 \end{bmatrix} = \begin{bmatrix} -1 \\ -1 \end{bmatrix}$$

PCA 需要「單位特徵向量」（unit eigenvectors，或**長度為 1** 的「特徵向量」）。我們可以將「特徵向量」除以它的範數（norm），來進行常態化（normalize）；「特徵向量」的範數的計算公式如下：

$$||x|| = \sqrt{x_1^2 + x_2^2 + ... + x_n^2}$$

我們向量的範數等於：

$$\left\| \begin{bmatrix} 1 \\ 1 \end{bmatrix} \right\| = \sqrt{1^2 + 1^2} = \sqrt{2}$$

由此可以產出「單位特徵向量」：

$$\begin{bmatrix} 1 \\ 1 \end{bmatrix} / \sqrt{2} = \begin{bmatrix} 0.707 \\ 0.707 \end{bmatrix}$$

我們可以使用 NumPy 驗證計算結果的正確性。eig 函數會回傳一個「特徵值」和「特徵向量」的元組（tuple）：

```
# In[1]:
import numpy as np
w, v = np.linalg.eig(np.array([[1, -2], [2, -3]]))
print(w)
print(v)

# Out[1]:
[-0.99999998 -1.00000002]
[[ 0.70710678  0.70710678]
 [ 0.70710678  0.70710678]]
```

進行主成分分析

讓我們使用 PCA，將二維資料減少至一個維度，資料如表格所示：

x1	x2
0.9	1
2.4	2.6
1.2	1.7
0.5	0.7
0.3	0.7
1.8	1.4
0.5	0.6
0.3	0.6
2.5	2.6
1.3	1.1

PCA 的第一個步驟是從每個觀察得來的解釋變數上減去平均值，如下方表格所示：

x1	x2
0.9 - 1.17 = -0.27	1 - 1.3 = -0.3
2.4 - 1.17 = 1.23	2.6 - 1.3 = 1.3
1.2 - 1.17 = 0.03	1.7 - 1.3 = 0.4
0.5 - 1.17 = -0.67	0.7 - 1.3 = -0.6
0.3 - 1.17 = -0.87	0.7 - 1.3 = -0.6
1.8 - 1.17 = 0.63	1.4 - 1.3 = 0.1
0.5 - 1.17 = -0.67	0.6 - 1.3 = -0.7
0.3 - 1.17 = -0.87	0.6 - 1.3 = -0.7
2.5 - 1.17 = 1.33	2.6 - 1.3 = 1.3
1.3 - 1.17 = 0.13	1.1 - 1.3 = -0.2

接著，我們必須計算資料的主成分。回顧一下，主成分是資料共變異數矩陣的「特徵向量」，由對應的「特徵值」進行排序。主成分可以使用兩個不同的技巧求出。**第 1 個技巧**需要計算資料的共變異數矩陣。因為共變異數矩陣是一個方陣，我們可以使用上一節描述的方法來計算「特徵向量」和「特徵值」。**第 2 個技巧**是使用資料矩陣的「奇異值分解」（singular value decomposition，SVD），來找出共變異數矩陣的「特徵向量」以及「特徵值」的平方根。我們將使用**第 1 個技巧**來解決一個例子，然後描述**第 2 個技巧**（即被 scikit-learn 的 PCA 實作的技巧）。矩陣 **C** 是資料的共變異數矩陣，如下所示：

$$C = \begin{bmatrix} 0.687 & 0.607 \\ 0.607 & 0.598 \end{bmatrix}$$

使用上一節所描述的技巧，可得「特徵值」為 **1.250** 和 **0.034**。以下公式是「單位特徵向量」：

$$\begin{bmatrix} 0.732 & -0.681 \\ 0.681 & 0.733 \end{bmatrix}$$

接下來，我們將把資料投影到主成分之上。**第 1 個特徵向量擁有最大的「特徵值」，是第 1 個主成分**。我們將建置一個轉換矩陣（transformation matrix），矩陣的每一行都是對應一個主成分的「特徵向量」。如果我們把一個五維資料集減少到三維，我們需要建立一個 3 行的矩陣。在這個例子中，我們將把我們的二維資料集投影到一維上，因此，我們僅使用**第 1 主成分**的「特徵向量」。最後，我們將計算「資料矩陣」和「轉換矩陣」的點積。以下展示了將資料投影到**第 1 主成分**上的結果：

$$\begin{bmatrix} -0.27 & -0.3 \\ 1.23 & 1.3 \\ 0.03 & 0.4 \\ -0.67 & -0.6 \\ -0.87 & -0.6 \\ 0.63 & 0.1 \\ -0.67 & -0.7 \\ -0.87 & -0.7 \\ 1.33 & 1.3 \\ 0.13 & -0.2 \end{bmatrix} \begin{bmatrix} 0.733 \\ 0.681 \end{bmatrix} = \begin{bmatrix} -0.40 \\ 1.79 \\ 0.29 \\ -0.90 \\ -1.05 \\ 0.53 \\ -0.97 \\ -1.11 \\ 1.86 \\ -0.04 \end{bmatrix}$$

許多 PCA 的實作，包括 scikit-learn 函式庫中的實作，都使用了「奇異值分解」來計算「特徵向量」和「特徵值」。SVD 如下所示：

$$X = U\Sigma V^T$$

在公式中，**U** 的行是資料矩陣的左奇異向量（left singular vectors），**V** 的行是資料矩陣的右奇異向量（right singular vectors），**Σ** 的對角線是資料矩陣的奇異值。雖然矩陣的「奇異向量」和「奇異值」在一些訊號處理與統計應用之中非常有用，我們之所以關注它們，只是因為它們和資料矩陣的「特徵向量」和「特徵值」有關。更具體地說，「左奇異向量」是共變異數矩陣的「特徵向量」，**Σ** 的對角線元素是共變異數矩陣「特徵值」的平方根。計算 SVD 已經超出了本書的範圍，但是使用 SVD 計算「特徵向量」，應該和從共變異數矩陣得出的「特徵向量」非常相似。

使用 PCA 對高維度資料視覺化

透過對二維或三維資料進行「視覺化」能輕鬆地發現特徵。一個高維度資料集無法用「圖表」進行表示，但是我們依然可以透過將其減少到 2 個或者 3 個主成分，來獲取一些對其資料結構的洞察。Fisher 的「鳶尾花資料集」形成於 1936 年，這是一個來自 3 種鳶尾花的 50 個樣本的集合，包括：Iris Setosa（山鳶尾）、Iris Viriginica（維吉尼亞鳶尾）與 Iris Versicolor（變色鳶尾）。「解釋變數」是對花朵的花瓣（petal）和花萼（sepal）長度和寬度的測量。這個「鳶尾花資料集」經常被用來測試分類模型（classification models），它也被包含在 scikit-learn 之中。讓我們將這個「鳶尾花資料集」的維度從四維減少到二維，以便我們能將其「視覺化」。首先，我們會載入內建的 iris 資料集，並實體化（instantiate）一個 PCA 估計器。PCA 類別會接收主成分的數量，並將其保存為一個超參數。和其他的估計器一樣，PCA 暴露（exposes）一個 fit_transform 方法，方法將回傳減少維度之後的資料矩陣。最後，我們將整合並繪製出減少維度後的資料：

```
# In[1]:
import matplotlib.pyplot as plt
from sklearn.decomposition import PCA
from sklearn.datasets import load_iris

data = load_iris()
y = data.target
X = data.data
```

```python
pca = PCA(n_components=2)
reduced_X = pca.fit_transform(X)

red_x, red_y = [], []
blue_x, blue_y = [], []
green_x, green_y = [], []
for i in range(len(reduced_X)):
    if y[i] == 0:
        red_x.append(reduced_X[i][0])
        red_y.append(reduced_X[i][1])
    elif y[i] == 1:
        blue_x.append(reduced_X[i][0])
        blue_y.append(reduced_X[i][1])
    else:
        green_x.append(reduced_X[i][0])
        green_y.append(reduced_X[i][1])
plt.scatter(red_x, red_y, c='r', marker='x')
plt.scatter(blue_x, blue_y, c='b', marker='D')
plt.scatter(green_x, green_y, c='g', marker='.')
plt.show()
```

減少維度後的實例如下圖所示。資料集的 3 個類別由不同的標記表示。從資料的二維
視圖中，很明顯可以看到，其中一個類別可以輕鬆地和另外兩個類別分開。如果沒有
繪圖表示，理解資料的結構將會變得很困難。這項洞察可以影響我們對分類模型的選
擇。

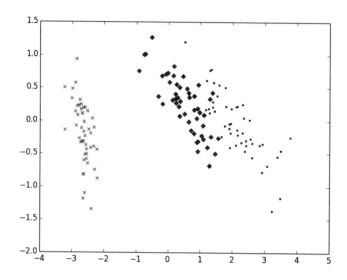

使用 PCA 進行臉部辨識

現在讓我們將 PCA 應用到一個臉部辨識問題。臉部辨識（face recognition）是一項監督式分類任務，它需要透過一個人的臉部影像來識別他／她。在這個例子中，我們將使用一個來自 AT&T Laboratories Cambridge 的資料集：**Our Database of Faces**（我們的臉部資料庫）。這個資料集包含 40 個人，每一個人有 10 張影像。這些影像建立於不同的光照條件之下，受試者的表情各不相同。這些影像均為灰階且使用像素表示，下圖是其中一張影像：

雖然這些影像尺寸都很小，但一個編碼了每個像素強度的「特徵向量」將具有 10,304 個維度。為了避免過度擬合，訓練如此高維的資料需要許多樣本。反之，我們將使用 PCA，以一種「少量主成分的方式」建立影像的緊湊表示。我們可以將一張影像的「像素強度的矩陣」變形為一個向量，同時建立一個由所有訓練影像組成的矩陣。每一張影像都是一個該矩陣主成分的線性組合。在臉部辨識的上下文中，這些主成分被稱為**特徵臉**（eigenfaces）。「特徵臉」可被認為是臉部的標準化（standardized）成分。資料集中的每張臉都可以表示為「特徵臉」的組合，且可以由「最重要的特徵臉的組合」來逼近。首先，我們將這些影像載入進 NumPy 陣列之中，並將它們的「像素強度矩陣」變形為一個向量。然後，我們使用 scale 函數將資料標準化。回顧一下，標準化資料具有 0 平均值和單位變異數。因為 PCA 會嘗試「最大化」主成分的變異數，因此標準化非常重要。如果資料沒有進行標準化，PCA 會對特徵的單位和取值範圍很敏感：

```
# In[1]:
import os
import numpy as np
from sklearn.cross_validation import train_test_split
from sklearn.cross_validation import cross_val_score
from sklearn.preprocessing import scale
from sklearn.decomposition import PCA
from sklearn.linear_model import LogisticRegression
from sklearn.metrics import classification_report
from PIL import Image

X = []
y = []

for dirpath, _, filenames in os.walk('att-faces/orl_faces'):
    for filename in filenames:
        if filename[-3:] == 'pgm':
            img = Image.open(os.path.join(dirpath,
              filename)).convert('L')
            arr = np.array(img).reshape(10304).astype('float32') /
              255.
            X.append(arr)
            y.append(dirpath)

X = scale(X)
```

接著我們會隨機將影像分為「訓練集」和「資料集」，並使在訓練資料上擬合 PCA 物件：

```
# In[2]:
X_train, X_test, y_train, y_test = train_test_split(X, y)
pca = PCA(n_components=150)
```

我們將所有實例的維度降低到 150 個維度，同時訓練一個邏輯斯歸分類器。該資料集包含 40 個類別，scikit-learn 會在背後使用「一對全」策略自動建立二元分類器。最後，我們使用「交叉驗證」和「一個測試集」評估分類器的效能。在完整資料上訓練的分類器對每個類別的平均 F1 分數為 0.94，但這明顯需要更多的訓練時間，且在包含更多訓練資料的應用程式當中非常慢：

```
# In[3]:
X_train_reduced = pca.fit_transform(X_train)
X_test_reduced = pca.transform(X_test)
print(X_train.shape)
print(X_train_reduced.shape)
classifier = LogisticRegression()
accuracies = cross_val_score(classifier, X_train_reduced,
  y_train)
print('Cross validation accuracy: %s' % np.mean(accuracies))
classifier.fit(X_train_reduced, y_train)
predictions = classifier.predict(X_test_reduced)
print(classification_report(y_test, predictions))


# Out[3]:
(300, 10304)
(300, 150)
Cross validation accuracy: 0.807660834984
```

	precision	recall	f1-score	support
att-faces/orl_faces/s1	0.50	1.00	0.67	1
att-faces/orl_faces/s10	1.00	1.00	1.00	3
att-faces/orl_faces/s11	1.00	0.67	0.80	3
att-faces/orl_faces/s12	1.00	1.00	1.00	5
att-faces/orl_faces/s13	0.00	0.00	0.00	0
att-faces/orl_faces/s14	1.00	1.00	1.00	4
att-faces/orl_faces/s16	1.00	1.00	1.00	2
att-faces/orl_faces/s17	0.67	1.00	0.80	2
att-faces/orl_faces/s18	1.00	1.00	1.00	2
att-faces/orl_faces/s19	0.83	1.00	0.91	5
att-faces/orl_faces/s2	0.33	1.00	0.50	1
att-faces/orl_faces/s20	1.00	1.00	1.00	2
att-faces/orl_faces/s21	1.00	1.00	1.00	2
att-faces/orl_faces/s22	1.00	1.00	1.00	1
att-faces/orl_faces/s23	0.67	1.00	0.80	2
att-faces/orl_faces/s24	1.00	1.00	1.00	3
att-faces/orl_faces/s25	1.00	1.00	1.00	2
att-faces/orl_faces/s26	1.00	1.00	1.00	3
att-faces/orl_faces/s27	1.00	1.00	1.00	1
att-faces/orl_faces/s28	1.00	0.50	0.67	4
att-faces/orl_faces/s29	1.00	1.00	1.00	5
att-faces/orl_faces/s3	1.00	1.00	1.00	3
att-faces/orl_faces/s30	1.00	0.67	0.80	3
att-faces/orl_faces/s31	0.75	1.00	0.86	3
att-faces/orl_faces/s32	1.00	1.00	1.00	3
att-faces/orl_faces/s34	1.00	0.83	0.91	6
att-faces/orl_faces/s35	0.50	0.33	0.40	3
att-faces/orl_faces/s36	1.00	1.00	1.00	3
att-faces/orl_faces/s37	1.00	0.75	0.86	4

att-faces/orl_faces/s38	1.00	1.00	1.00	3
att-faces/orl_faces/s39	1.00	1.00	1.00	2
att-faces/orl_faces/s4	1.00	0.75	0.86	4
att-faces/orl_faces/s40	0.00	0.00	0.00	0
att-faces/orl_faces/s5	1.00	0.67	0.80	3
att-faces/orl_faces/s6	1.00	1.00	1.00	1
att-faces/orl_faces/s7	1.00	1.00	1.00	3
att-faces/orl_faces/s8	1.00	1.00	1.00	2
att-faces/orl_faces/s9	1.00	1.00	1.00	1
avg / total	0.94	0.90	0.91	100

小結

在本章內容中，我們討論了降維問題。高維度資料將會受到「維數災難」的影響。估計器需要更多的樣本，來從高維度資料中實現一般化。我們可以使用主成分分析（PCA）的技巧來緩和這些問題；PCA 將資料投影到低維度子空間，將一個高維度、可能相互關聯的資料集「降維」到一個線性不相關主成分所組成的「低維度資料集」。我們使用了 PCA 在兩個維度上對四維鳶尾花資料集進行「視覺化」，同時還建立了一個臉部辨識系統。

這一章是本書的結尾。我們已經討論了各式各樣的模型、學習演算法、效能評估方式以及它們在 scikit-learn 中的實作。在「第 1 章」中，我們將機器學習程式描述為那些在任務中「從經驗學習」以提升效能的程式。在接續的章節中，我們透過一些例子證明了一些在機器學習最常見的經驗、任務和效能評估方式。我們在披薩的直徑上迴歸了披薩價格，同時對垃圾郵件和非垃圾郵件文本資訊進行分類。我們使用主成分分析進行臉部辨識，建立了一個隨機森林來阻攔橫幅廣告，同時使用 SVM 和 ANN 來最佳化字元識別。我希望你能將 scikit-learn 以及本書的例子應用到你自己的機器學習體驗之中。感謝你閱讀這本書。

博碩文化

博碩文化